工业机器人系列教材

U0292853

工业机器人集成应用技术

主　编	祝春来	宋春胜	熊　隽
副主编	孙平波	周庆红	侯文峰
	梁兴建	刘海军	
参　编	李福武	陈铭钊	王厚英
	卢运娇	刘振权	梁国柳
	谢述双		

哈尔滨工程大学出版社
Harbin Engineering University Press

内容简介

本书以模块化平台为核心，以实训题目为主线，由浅入深地设计了工业机器人工作站集成、应用平台安装部署、编程调试、优化改进等课程，包含执行单元、仓储单元和检测单元的集成和功能调试，WinCC 的通信和界面建立，基于生产对象的制造单元智能化改造等学习内容。本书整合了核心知识点、解题思路、实操微课视频、题目配套程序等教学重点和教学资源，旨在培养学生的技术应用、技术创新和协调配合能力。

本书可作为中、高等职业院校相关专业教材，也可供相关领域从业人员参考。

图书在版编目 (CIP) 数据

工业机器人集成应用技术 / 祝春来，宋春胜，熊隽主编 .— 哈尔滨 : 哈尔滨工程大学出版社，2021.7
ISBN 978-7-5661-3098-3

Ⅰ . ①工⋯　Ⅱ . ①祝⋯ ②宋⋯ ③熊⋯　Ⅲ . ①工业机器人－系统集成技术　Ⅳ . ① TP242.2

中国版本图书馆 CIP 数据核字（2021）第 117392 号

工业机器人集成应用技术
GONGYE JIQIREN JICHENG YINGYONG JISHU

选题策划	雷　霞	
责任编辑	张　曦	
封面设计	付　娜	

出版发行	哈尔滨工程大学出版社
社　　址	哈尔滨市南岗区南通大街 145 号
邮政编码	150001
发行电话	0451-82519328
传　　真	0451-82519699
经　　销	新华书店
印　　刷	哈尔滨市石桥印务有限公司
开　　本	787 mm×1 092 mm　1/16
印　　张	13.5
字　　数	340 千字
版　　次	2021 年 7 月第 1 版
印　　次	2021 年 7 月第 1 次印刷
定　　价	45.00 元

http://www.hrbeupress.com
E-mail: heupress@hrbeu.edu.cn

前　言

　　本书根据教育部 2019 年公布的《高等职业学校工业机器人技术专业教学标准》编写。按一体化课程的要求，本书采用了工学结合项目化教学的模式，内容源自企业真实的项目和工作任务，反映了机器人集成应用技术岗位的要求，引导学校将专业建设与职业能力对接、课程内容与职业标准对接、教学过程与工作过程对接、学历证书与机器人相关职业技能等级证书对接，并通过课程教学，引导中、高等职业院校将企业完整的工作任务转化成教学内容；将传统重讲授轻实践的教学模式转向"做中学、做中教"的项目案例式教学；将职业技能作为专业核心能力进行培养，从而提高人才培养的针对性和有效性。

　　以汽车行业轮毂零件的生产制造为背景，本书利用机器人集成应用技术完成制造单元系统的智能化改造，充分体现"两化深度融合"（信息化和工业化的高层次深度融合）在传统制造业升级改造中的应用。本书编者通过深入企业调研，认真分析机器人集成工作岗位的典型工作任务，并以典型任务为载体，将之转化为具有教育价值的学习任务，进行工业机器人、可编程控制器、数控系统、集成视觉等控制设备的编程调试和复杂机器人集成应用的联调等专业知识和技能的教学安排，同时又兼顾"1+X 工业机器人集成应用职业技能等级证书"的知识点要求进行教学活动，目的是培养学生的综合职业能力。

　　全书共 6 个项目，由北海职业学院的祝春来、宋春胜，泸州职业技术学院的熊隽任主编；北海职业学院的孙平波，浙江工商职业技术学院的周庆红，广州番禺职业技术学院的侯文峰，重庆渝北职教中心的梁兴建，内江职业技术学院的刘海军任副主编；北海职业学院的李福武、陈铭钊、王厚英、卢运娇、刘振权、梁国柳、谢述双参加编写。本书具体编写分工如下：祝春来编写项目 1 及项目 2 中的任务 1 至任务 3；宋春胜编写项目 3 及项目 5 中的任务 1 和任务 2；熊隽编写项目 4 中的任务 1 至任务 3；孙平波编写项目 2 中的任务 4 和任务 5；周庆红编写项目 5 中的任务 3 和任务 4；侯文峰编写项目 6 中的任务 1；刘海军编写项目 6 中的任务 2；梁兴建编写项目 4 中的任务 4。全书由祝春来统稿和定稿。

本书在编写过程中得到了北京华航唯实机器人科技股份有限公司李慧等工程师的大力支持，在此深表谢意。同时，本书编者还参阅了大量文献与著述，借鉴了国内多所中、高等职业院校近年来的教学改革经验，得到了许多教师、专家的支持和帮助，在此一并表示感谢！

由于编者水平有限，书中难免有疏漏和错误之处，恳请有关专家和广大读者批评指正。

编　者

2021 年 3 月

目　录

项目1 工业机器人集成概述

任务1 工业机器人集成领域概述

1.1 任务描述

了解工业机器人集成的内涵、现状及发展趋势。

1.2 知识准备

1.2.1 工业机器人集成的内涵

工业机器人的业务主要有两方面：一方面是机器人本身的研发，包括关键零部件、控制系统等，这一部分保证了工业机器人的可靠运动；另一方面是机器人在实际应用中针对现场的集成开发，包括工装夹具以及现场使用的焊枪、喷枪等工具配套软件的系统调试与开发。工业机器人之焊接机器人如图1-1所示。

图1-1　焊接机器人

随着社会的发展，市场不断扩大，用户对产品多品种、小批量生产的要求越来越高，企业除了在宏观管理上需要进行改革之外，还需要对加工系统进行改革。机器人作业系统由于具有高效性和柔性，近年来得到了广泛应用，拥有良好的发展前景。然而，工业机器人虽然具备一定的自动化和灵活性，但是传统的集成方法却制约了工业机器人性能的发挥。

机器人作业系统可以高效地进行特定作业对象（产品）的加工，但当作业对象发生改变时，将会涉及一系列系统结构的改变，而这些改变由于集成方法的局限变得十分复杂耗时，成为制约机器人柔性优势的一个瓶颈。如何突破这个瓶颈，从而充分发挥工业机器人的优势成为一个具有重要意义的课题。

机器人作业系统本质上也是制造系统，因此可以利用制造系统的相关概念和技术方法来解决工业机器人集成领域的问题。制造系统模式（哲理）总是伴随制造企业竞争目标和竞争要素而存在和发展的，且不论先进制造系统模式（哲理）如何发展，其主要内涵都是高柔性、低成本、快速响应市场变化。

可重构制造系统（RMS）是为了适应快速多变的市场环境而提出的新一代先进制造系统模式（哲理）。它的系统研究始于20世纪90年代，经过多年研究论证和实践，已经积累了许多有用的概念、方法，可重构制造系统兼具专用制造系统（DMS）和柔性制造系统（FMS）。

1.2.2　工业机器人集成的现状及发展趋势

1. 工业机器人集成的现状

在工业机器人集成中，工业机器人是集成的核心，本体的性能决定了集成的水平。我国的机器人研发起步比较晚，与国外的工业机器人性能水平相比有较大差距，因此目前集成的核心设备——工业机器人本体仍然以国际品牌为主。但在我国科技工作者的不懈努力下，近几年国产工业机器人研发水平显著提升。

工业机器人集成产业作为中国机器人市场的主力军，普遍规模较小，年产值不高，面临强大的竞争压力。从相关市场数据来看，现阶段国内集成公司规模都不大，销售收入1亿元以下的企业占大部分，能达到5亿元的就是行业的佼佼者，10亿元以上的屈指可数。

一般工业是指非汽车行业。目前汽车行业的自动化程度比较高，供应商体系相对稳定，而一般工业的自动化改造需求相对旺盛。全球工业机器人按照应用来分，占比前三的为搬运50%，焊接28%，组装9%。搬运又可以按照应用场景的不同分为拾取装箱、注塑取件、机床上下料等。

现阶段工业机器人集成有如下特点。

（1）不能批量复制

机器人集成项目是非标准化的，每个项目都不一样，不能100%复制，因此比较难成规模。能成规模的一般都是可以复制的，比如研发一个产品，定型之后就很少改变，每个型号的产品都一样。而且由于需要垫资，机器人集成项目通常要考虑同时实施的项目数量及规模。

（2）需要熟悉下游行业的工艺

由于机器人集成是二次开发产品，因此需要熟悉下游行业的工艺，同时完成重新编程、布放等工作。国内集成商如果聚焦于某个领域，通常可以达到一定范围的垄断。但与之相对的，由于行业壁垒，很难实现跨行业拓展业务，通过并购也行不通，规模很难扩大。因此，现阶段国内机器人系统集成公司规模都不大。

2. 工业机器人集成的发展趋势

随着工业自动化对机器人需求的日益增加，单纯销售产品、提供产品售后服务已经不能完全满足客户的需求。工业机器人集成越来越向网络化、集成化和规模化方向发展。随着我国产业结构调整升级的不断深入，国内机器人市场将会进一步扩大，市场扩展的速度也会进一步提高。

工业机器人市场的快速发展势必会带动机器人集成商数量的快速增加，这一方面符合终端用户的需求，另一方面会增加集成服务的利润。由此可知，我国机器人集成市场将进一步扩大。

（1）从汽车行业向一般工业延伸

现阶段，汽车行业是国内工业机器人最大的应用市场。随着市场对机器人产品认可度的不断提高，机器人产品应用正从汽车行业向一般工业延伸。国内机器人集成的热点和突破点主要在于3C电子、金属、食品饮料及其他细分市场。机器人集成商也逐渐由易到难，把握国内不同行业机器人的不同需求，完成专业的技术积累。

（2）机器人应用行业细分化

对某一行业的工艺有深入了解的同时，将有机会使机器人集成模块化、功能化，进而使之成为标准设备。既然工艺是门槛，那么同一家公司能够掌握的行业工艺必然也就只局限于某一个或几个行业，也就是说行业必将细分化。

（3）项目标准化程度将持续提高

另外一个趋势是项目标准化程度也将持续提高，这有利于集成企业规模的扩大。如果只有机器人本体是标准的，那么整个项目标准化程度仅为30%～50%。现在很多机器人集成商在推动机器人本体加工工艺的标准化，未来机器人集成项目的标准化程度将有望达到75%。

（4）未来智能工厂

智能工厂是现代工厂信息化发展的一个新阶段，它的核心是数字化。信息化、数字化将贯穿生产的各个环节，降低从设计到生产制造之间的不确定性，缩短产品从设计到生产的转化时间，并且提高产品的可靠性与成功率。机器人集成商向数字化工厂方向发展，将来不仅能做硬件设备的集成，更多的是顶层架构设计和软件方面的集成。

任务2　工业机器人集成设备构成

2.1　任务描述

学习CHL-DS-11型智能制造单元集成应用平台的结构及功能，了解工业机器人集成典型工作站所需的主要设备。

2.2 知识准备

随着《中国制造 2025》的推进，加快智能制造技术的应用是落实工业化和信息化深度融合、打造制造强国的重要措施，也是实现制造业转型升级的关键所在。为落实《制造业人才发展规划指南》，精准对接装备制造业重点领域人才需求，满足复合型技能人才的培养，支撑智能制造产业发展，华航唯实机器人科技股份有限公司设计并研发了智能制造单元系统集成应用平台，针对传统制造生产系统升级改造的实际问题，以智能制造技术应用为核心，以汽车零部件加工、打磨、检测工序为背景，让学生实践从功能分析、集成设计、布局规划到安装部署、编程调试、优化改进等完整的项目，培养学生的技术应用、技术创新和协调配合能力。

智能制造单元系统集成应用平台如图 1-2 所示，以汽车轮毂（图 1-3）为产品对象，实现了仓库取料、制造加工、打磨抛光、检测识别、分拣入位等生产工艺环节，以未来智能制造工厂的定位需求为参考，通过工业以太网完成数据的快速交换和流程控制，采用 PLC 实现灵活的现场控制结构和总控设计逻辑，利用 MES 系统采集所有设备的运行信息和工作状态，融合大数据实现工艺过程的调配和智能控制，借助云网络实现系统运行状态的远程监控。

智能制造单元系统集成应用平台以模块化设计为原则，每个单元均安装在可自由移动的独立台架上，布置远程 I/O 模块，通过工业以太网实现信号监控和控制协调，用以满足不同工艺的流程要求和功能的实现，充分体现系统集成的功耗、效率及成本特性。每个单元的四边均可以与其他单元进行拼接，根据工序自由组合成适合不同功能要求的布局形式，体现出系统集成设计过程中的空间规划内容。

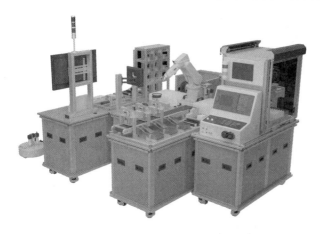

图 1-2　智能制造单元系统集成应用平台

图 1-3　汽车轮毂

2.3　任务实施

2.3.1　整体结构

智能制造单元系统集成应用平台（简称"应用平台"）集智能仓储物流、工业机器人、数控加工、智能检测等模块为一体，利用物联网、工业以太网实现信息互联，依托

MES 系统实现数据采集与可视化，接入云端借助数据服务实现一体化联控，满足轮毂的定制化生产制造。应用平台的构成如图 1-4 所示。

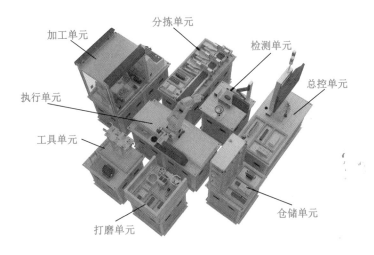

图 1-4 应用平台的构成

2.3.2 平台构成及功能

1. 执行单元

执行单元是产品在各个单元间转换和定制加工的执行终端，是应用平台的核心单元，由工作台、工业机器人、平移滑台、快换模块法兰端、远程 I/O 模块等组件构成，如图 1-5 所示。工业机器人选用知名品牌的桌面级小型工业机器人，六自由度可使其在工作空间内自由活动，完成以不同姿态拾取零件或加工；平移滑台作为工业机器人扩展轴，扩大了工业机器人的可达工作空间，可以配合更多的功能单元完成复杂的工艺流程；平移滑台的运动参数信息，如速度、位置等，由工业机器人控制器通过现场 I/O 信号传输给 PLC，从而控制伺服电机实现线性运动；快换模块法兰端安装在工业机器人末端法兰上，可与快换模块工具端匹配，实现工业机器人工具的自动更换；执行单元的流程控制信号由远程 I/O 模块通过工业以太网与总控单元实现交互。

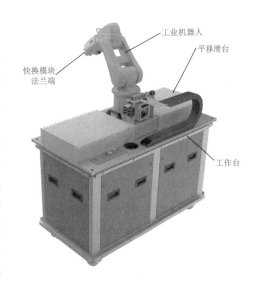

图 1-5 执行单元

2. 工具单元

工具单元用于存放不同功用的工具，是执行单元的附属单元，由工作台、工具架、工具、示教器支架等组件构成，如图 1-6 所示。工业机器人可通过程序控制到指定位置安装或释放工具。工具单元提供了七种不同类型的工具，每种工具均配置了快换模块工具端，可以与快换模块法兰端匹配。

3. 仓储单元

仓储单元用于临时存放零件，是应用平台的功能单元，由工作台、立体仓库、远程 I/O 模块等组件构成，如图 1-7 所示。立体仓库为双层六仓位结构，每个仓位可存放一个零件；仓位托板可推出，方便工业机器人以不同方式取放零件；每个仓位均设置有传感器和指示灯，可检测当前仓位是否存放有零件并将状态显示出来；仓储单元所有气缸动作和传感器信号均由远程 I/O 模块通过工业以太网传输到总控单元。

图 1-6　工具单元

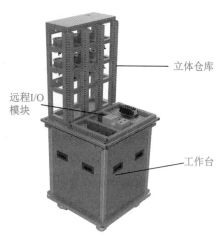

图 1-7　仓储单元

4. 加工单元

加工单元可对零件表面指定位置进行雕刻加工，是应用平台的功能单元，由工作台、数控机床、刀库、数控系统、远程 I/O 模块等组件构成，如图 1-8 所示。数控机床为典型三轴铣床结构，采用轻量化设计，可实现小范围、高精度加工，加工动作由数控系统控制；数控系统为西门子 SINUMERIK 828D 系统，以实现最佳表面质量和高速、高精度加工的和谐统一，并在此基础上，使数控系统的使用更加便捷，是面向中高档数控机床的配套数控产品。828D 系统集 CNC、PLC、操作界面以及轴控制功能于一体，支持车、铣两种工艺应用，基于 80 位浮点数的纳米计算精度充分保证了控制的精确性。828D 系统提供

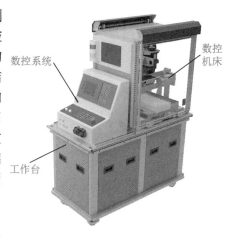

图 1-8　加工单元

的图形编程既包括传统的 G 指令，也包括最新的指导性编程，用户可以根据指导一步步按自定义的步骤进行，简单、快捷。此外，它还支持多种编程方式，包括灵活的编程向导，高效的"ShopMill/ShopTurn"工步式编程和全套的工艺循环，可以满足从大批量生产到单个工件加工的编程需要，在显著缩短编程时间的同时确保最佳工件精度。刀库采用虚拟化设计，利用屏幕显示模拟换刀动作和当前刀具信息，刀库控制信号由数控系统提供，与真实刀库完全相同；数控系统选用市场占有率高、使用范围广的高性能产品，

保证与真实机床完全一致的操作；加工单元的流程控制信号由远程 I/O 模块通过工业以太网传输到总控单元。

5. 打磨单元

打磨单元是完成对零件表面打磨的工具，是应用平台的功能单元，由工作台、打磨工位、旋转工位、翻转工装、吹屑工位、防护罩、远程 I/O 模块等组件构成，如图 1-9 所示。打磨工位可准确定位零件并稳定夹持，是实现打磨加工的主要工位；旋转工位可在准确固定零件的同时带动零件实现沿其轴线 180° 旋转，方便切换打磨加工区域；翻转工装在无须执行单元的参与下，实现零件在打磨工位和旋转工位的转移，并完成零件的翻面；吹屑工位可以实现在零件完成打磨工序后吹除碎屑功能；打磨单元所有气缸动作和传感器信号均由远程 I/O 模块通过工业以太网传输到总控单元。

6. 检测单元

检测单元可根据不同需求完成对零件的检测、识别功能，是应用平台的功能单元，由工作台、智能视觉、光源、结果显示器等组件构成，如图 1-10 所示。智能视觉可根据不同的程序设置，实现条码识别、形状匹配、颜色检测、尺寸测量等功能，操作过程和结果通过结果显示器显示；检测单元的程序选择、检测执行和结果输出通过工业以太网传输到执行单元的工业机器人，并由其将结果信息传递到总控单元从而决定后续工作流程。

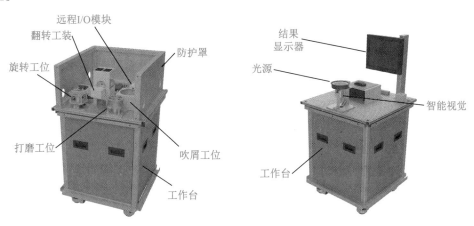

图 1-9　打磨单元　　　　　　　　图 1-10　检测单元

7. 分拣单元

分拣单元可根据程序实现对不同零件的分拣动作，是应用平台的功能单元，由工作台、传输带、分拣机构、分拣工位、远程 I/O 模块等组件构成，如图 1-11 所示。传输带可将放置在起始位的零件传输到分拣机构前；分拣机构根据程序要求在不同位置拦截传输带上的零件，并将其推入指定的分拣工位；分拣工位可通过定位机构实现对滑入零件的准确定位，并设置有传感器，检测当前工位是否存有零件；分拣单元共有三个分拣工位，每个工位可存放一个零件；分拣单元所有气缸动作和传感器信号均由远程 I/O 模块通过工业以太网传输到总控单元。

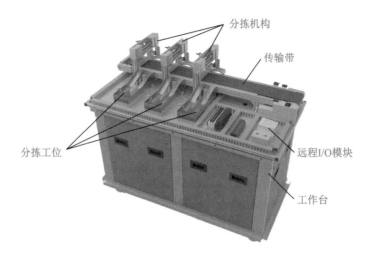

图 1–11　分拣单元

8. 总控单元

总控单元是各单元程序执行和动作流程的总控制端，是应用平台的核心单元，由工作台、控制模块、操作面板、电源模块、气源模块、显示终端、移动终端等组件构成，如图 1–12 所示。控制模块由两个 PLC 和工业交换机构成，PLC 通过工业以太网与各单元控制器和远程 I/O 模块实现信息交互，用户可根据需求自行编制程序实现流程功能；操作面板提供了电源开关、急停开关和自定义按钮，如图 1–13 所示；应用平台其他单元的电、气均由总控单元提供，通过其提供的线缆实现快速连接；显示终端用于 MES 系统的运行展示，可对应用平台实现信息监控、流程控制、订单管理等功能；移动终端中运行有远程监控程序，MES 系统会实时将应用平台信息传输到云数据服务器，移动终端可利用移动互联网对云数据服务器中的数据进行图形化、表格化显示，实现远程监控。

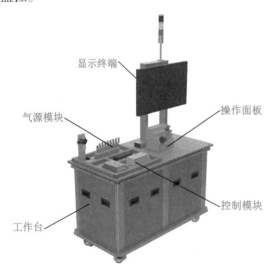

图 1–12　总控单元

图 1–13　操作面板

2.4　任务评测

任务要求：

1. 了解 CHL–DS–11 型智能制造单元系统集成应用平台功能及系统组成；
2. 了解各组成部分的结构及其功能；
3. 观看设备完成一个出厂流程，加深对整套设备的了解。

 任务 3　工业机器人集成网络架构

3.1　任务描述

学习工业网络的基础知识以及典型的设备 I/O 通信，进一步掌握 CHL–DS–11 型应用平台的网络架构。

3.2　知识准备

智能制造单元系统集成应用平台的核心是利用工业以太网将原有设备层、现场层、应用层的控制结构扁平化，实现一网到底，控制与设备间的直接通信，多类型设备间的信息兼容，系统间的大数据交换，同时在总控端融入云网络，实现数据远程监控和流程控制。控制逻辑结构如图 1–14 所示。

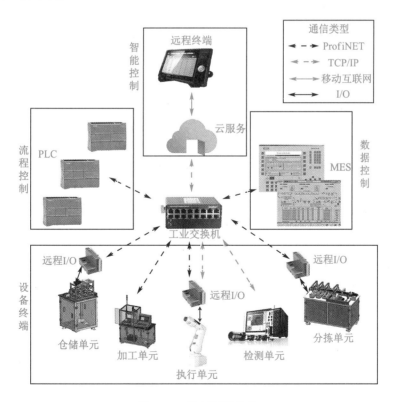

图 1–14　控制逻辑结构

3.3　任务实施

3.3.1　控制系统总体结构及通信方式

通信拓扑结构如图 1–15 所示。

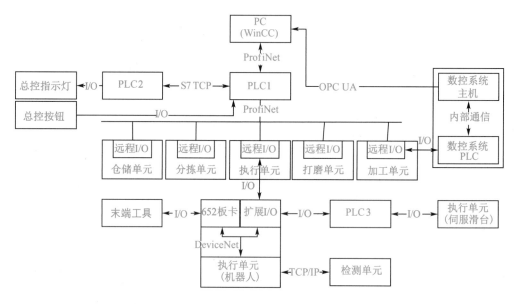

图 1–15　通信拓扑结构

1. 总控单元 PLC 通信

总控单元的两个 PLC（PLC1、PLC2），分别通过网线连接工业以太网口与交换机，以 S7 TCP 协议完成两个 PLC 之间的通信。

总控单元 PLC1 通过 ProfiNet 协议，以远程 I/O 的方式扩展自身的 I/O 端口，从而与仓储单元、分拣单元、打磨单元、加工单元之间进行信号交互，以自身的 I/O 端口与总控单元的按钮连接。

总控单元 PLC2 通过自身的 I/O 端口，直接与总控单元的指示灯连接。执行单元 PLC3 也通过自身的 I/O 端口与伺服驱动器进行连接。

机器人通过 DeviceNet 协议，以标准板卡的 I/O 端口，实现对末端工具的控制。总控单元的功能按钮、急停按钮、指示灯以及三色安全指示灯，均由 PLC 的板载 I/O 端口直接控制。如图 1–16、图 1–17 所示。

PLC 还通过 ProfiNet 协议与 PC 中的 WinCC 进行通信，以在 PC 中搭建 SCADA 系统，对 PLC 中的变量及信号进行监控，如图 1–18 所示。

2. 执行单元通信

（1）ProfiNet 网口

执行单元中的远程 I/O 模块相当于总控单元 PLC 的触角，主要为总控单元扩展 I/O 点位。模块网口（PN IN 和 PN OUT）直接或间接与总控单元 PLC 的 ProfiNet 网口相连，通过该网口与总控单元完成数据交互，如图 1–19 所示。

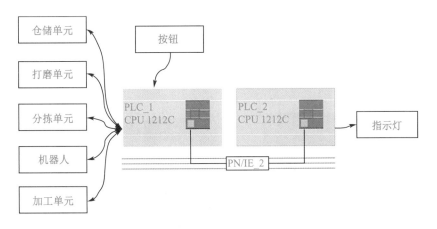

图 1-16 总控单元 PLC 通信

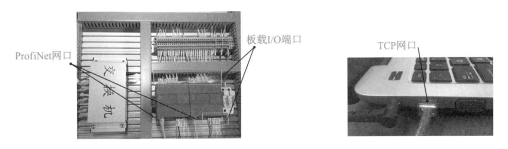

图 1-17 总控单元 PLC 通信 　　　　图 1-18 总控单元 PLC 与 PC 通信

图 1-19 执行单元 ProfiNet 通信

（2）TCP/IP 通信网口

如图 1-20 所示，通信网口为 TCP/IP 通信网口，执行单元的工业机器人通过该网口与检测单元进行通信。

图 1-20 执行单元 TCP/IP 通信

（3）DeviceNet 通信接口

执行单元的机器人除标准 I/O 板外，还以 DeviceNet 协议扩展了 I/O 模块，以增加机器人的输入输出点位。机器人与执行单元 PLC 之间通过 DeviceNet I/O 端口通信，如图 1-21 所示。

图 1-21　机器人的 DeviceNet I/O 端口

3.加工单元通信网口

加工单元主要包括以下两类通信网口。

（1）ProfiNet 网口

加工单元中的远程 I/O 模块主要为总控单元扩展 I/O 点位。模块网口（PN IN 和 PN OUT）直接或间接与总控单元 PLC 的 ProfiNet 网口相连，如图 1-22 所示。

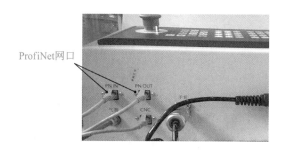

图 1-22　加工单元 ProfiNet 的网络连接

（2）OPC UA 通信网口

如图 1-23 所示，CNC 网口为 OPC UA 通信网口，数控系统主要通过该 OPC UA 通信网口与 PC 实现通信，以实现 SCADA 系统对数控加工运行状态的监控。

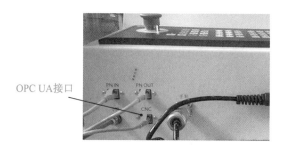

图 1-23　加工单元 OPC UA 通信连接

4. 仓储、打磨、分拣单元通信

与执行单元、加工单元的 ProfiNet 网口相同，总控单元 PLC 通过 ProfiNet 通信协议，以总线型、环形或树形等拓扑结构形式与仓储、打磨、分拣单元通信，各单元模块均配置远程 I/O 模块以接收和发出通信信号，如图 1-24 所示。

(a) 仓储单元　　　　　　　　(b) 打磨单元　　　　　　　　(c) 分拣单元

图 1-24　仓储、打磨、分拣单元通信

5. 检测单元通信

检测单元的 TCP/IP 网口，通过该网口完成与机器人之间的通信，实现机器人对视觉检测的控制以及检测结果的回传，如图 1-25 所示。

3.3.2　执行单元通信设置

执行单元中机器人的 DeviceNet 通信设置在机器人的基本操作中已学习过了，这里就不做过多的阐述。执行单元与检测单元的通信设置则会在后续检测单元任务中具体讲解，这里重点讲解机器人扩展 I/O 模块的连接及设置。

图 1-25　检测单元通信

1. 工业机器人扩展 I/O 模块

当工业机器人的标准 I/O 板的 I/O 点位数无法满足实际应用需求时，可以为工业机器人添加扩展 I/O 模块。工业机器人扩展的 I/O 模块包括两个部分：工业机器人扩展 I/O 适配器和输入输出板卡。

（1）工业机器人扩展 I/O 适配器，支持 DeviceNet 通信，模块化的结构可以自由增加、减少 I/O 板卡，从而满足数字量输入输出和模拟量输入输出，如图 1-26 所示。

（2）数字量输入模块，用来采集现场的数字量信号，其中 FR1108 是 PNP 型（高电平有效），它具有 8 个数字量输入点数，如图 1-27 所示。

（3）数字量输出模块，用于给现场设备输出数字量信号，FR2108 为源型输出，它具有 8 个数字量输出点数，如图 1-28 所示。

图 1-26　工业机器人
扩展 I/O 适配器

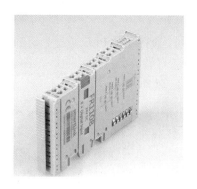 

图 1–27　FR1108 数字量输入模块　　图 1–28　FR2108 数字量输出模块

（4）模拟量输出模块，用于给现场设备输出模拟量信号，FR4004 为电压型模拟量输出（12 bit），它具有 4 个模拟量输出点数，如图 1–29 所示。

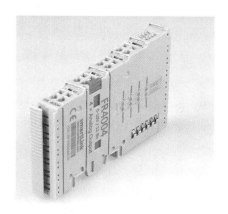

图 1–29　FR4004 模拟量输出模块

2. 工业机器人扩展 I/O 模块的连接方式

工业机器人扩展 I/O 适配器后面添加 7 个 I/O 板卡，适配器 DeviceNet 接口和机器人控制柜前侧板上的 XS17 DeviceNet 接口通过信号线相连，如图 1–30 所示。

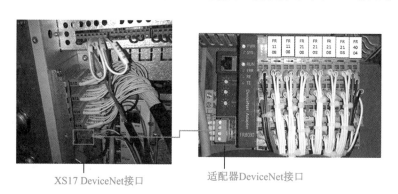

XS17 DeviceNet接口　　　　适配器DeviceNet接口

图 1–30　扩展 I/O 模块与机器人连接

3.工业机器人扩展 I/O 模块配置

工业机器人扩展 I/O 模块配置方法及步骤，如表 1–1 所示。

表 1–1　工业机器人扩展 I/O 模块配置方法及步骤

操作过程示意图	操作步骤说明
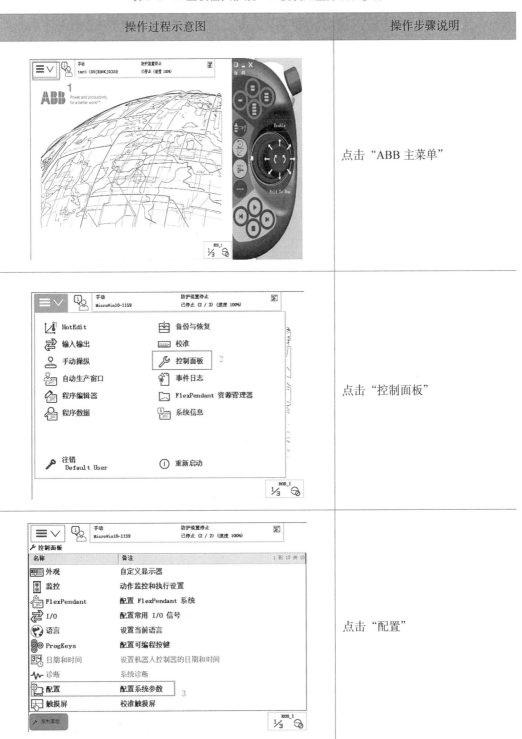	点击"ABB 主菜单"
	点击"控制面板"
	点击"配置"

表 1–1（续 1）

操作过程示意图	操作步骤说明
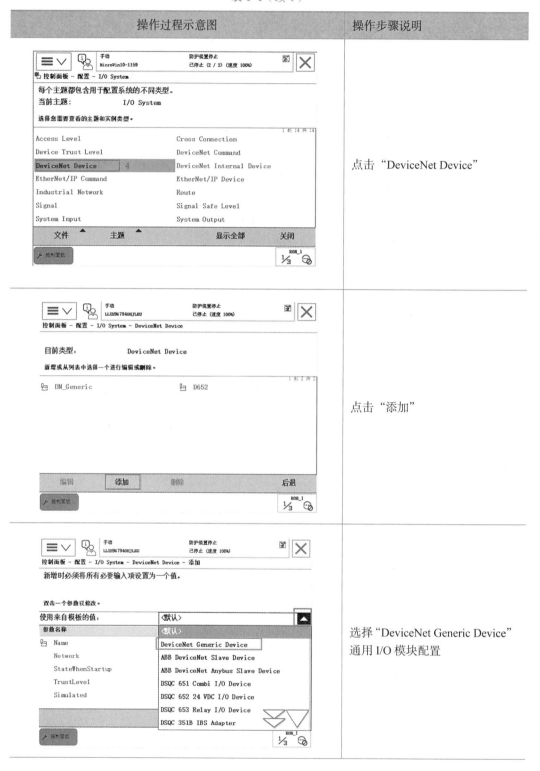	点击 "DeviceNet Device" 点击 "添加" 选择 "DeviceNet Generic Device" 通用 I/O 模块配置

表 1–1（续 2）

操作过程示意图	操作步骤说明
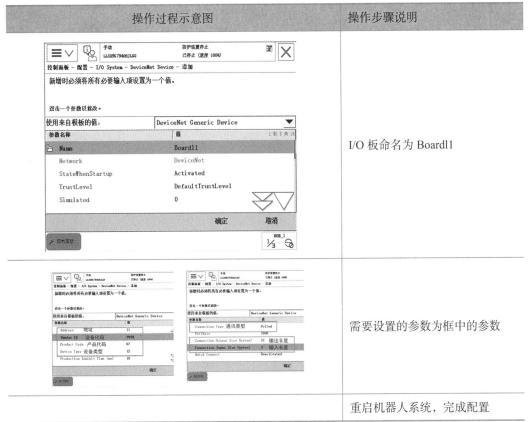	I/O 板命名为 Boardl1
	需要设置的参数为框中的参数
	重启机器人系统，完成配置

3.3.3 总控单元 PLC 与打磨单元的 I/O 通信配置

下面介绍如何对总控单元的 PLC 进行配置，建立与打磨单元的远程 I/O 模块通信，并根据电路图纸建立信号表。其他单元的 ProfiNet 通信配置与打磨单元相同，就不一一介绍了。

PLC 与远程
I/O 模块组态

1. 远程 I/O 模块

任务平台选用的 smartLink 远程 I/O 是南京华太自动化技术有限公司推出的基于自主研发的高性能总线的通用远程 I/O 模块，为用户节约成本，简化配线，提高系统可靠性提供了更好的选择。目前 FR 系列适配器种类多，支持主流的现场总线和工业以太网。

打磨单元采用 FR8210 适配器，根据 I/O 信号数量的需要，选配 2 个 8 点数 DI 模块和 2 个 8 点数 DO 模块，如图 1–31 所示。

2. 通信配置

在实际应用中，只需将远程 I/O 模块当作硬件设备看待，将其在博途项目中加入 PLC 的网络即可，如表 1–2 所示。

图 1–31 打磨单元的远程 I/O 模块

表 1–2　远程 I/O 模块配置方法及步骤

操作过程示意图	操作步骤说明
	在网络视图中，从硬件目录找到 FR8210 适配器
	将 FR8210 适配器拖拽至网络视图中
	将新添加的 FR8210 适配器添加进 PLC 的网络组态
	在设备视图中，可以修改适配器的 IP 地址，但需与 PLC 在同一网段中

表 1-2（续）

操作过程示意图	操作步骤说明
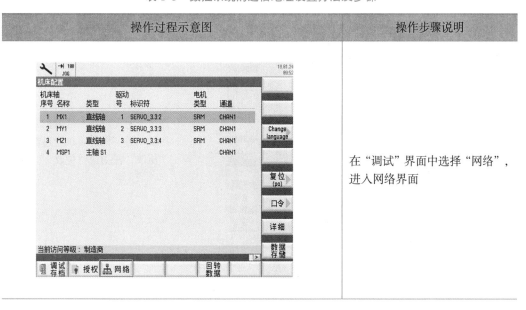	在设备概览窗口中，通过拖拽的方式为适配器添加 I/O 模块

3.3.4　加工单元的通信配置

对 WinCC 和数控系统进行通信设置，建立 OPC UA 通信。

1. 数控系统的通信地址设置

数控系统的通信地址设置方法及步骤如表 1-3 所示，数控系统网络的硬件连接参见"数控系统网络端口设置"。

表 1-3　数控系统的通信地址设置方法及步骤

操作过程示意图	操作步骤说明
	在"调试"界面中选择"网络"，进入网络界面

表 1-3（续）

操作过程示意图	操作步骤说明
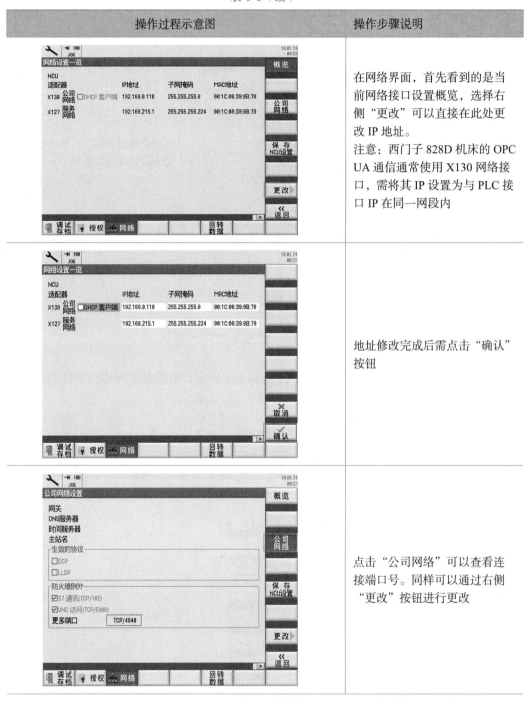	在网络界面，首先看到的是当前网络接口设置概览，选择右侧"更改"可以直接在此处更改 IP 地址。 注意：西门子 828D 机床的 OPC UA 通信通常使用 X130 网络接口，需将其 IP 设置为与 PLC 接口 IP 在同一网段内
	地址修改完成后需点击"确认"按钮
	点击"公司网络"可以查看连接端口号。同样可以通过右侧"更改"按钮进行更改

2.WinCC RT Professional 与数控系统的 OPC UA 连接参数，如图 1-32 所示。

（1）在项目树中选中添加的 WinCC RT Professional。

（2）选择"连接"选项。

（3）选择"OPC UA"通信。

（4）填写服务器 URL，包括数控系统 IP 地址及其端口号。

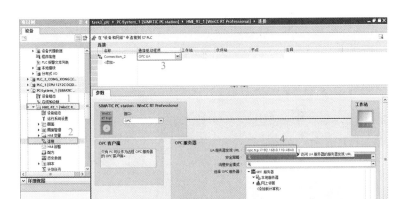

图1-32　WinCC RT Professional 与数控系统的 OPC UA 连接参数设置

3.4　任务评测

任务要求：

1. 了解 CHL-DS-11 智能制造单元系统集成应用平台网络构成；

2. 了解各单元的通信方式及设置方法；

3. 完成执行单元、打磨单元、仓储单元、加工单元、分拣单元和总控单元的 PLC 通信配置。

任务4　工业机器人集成布局模拟

4.1　任务描述

通过本任务的学习，学生应掌握 PQArt 工业机器人离线编程仿真软件的基本使用方法及三维球定位工具的基本功能，学会用三维球搭建完整的工作站，并了解任务工作站的仿真流程及基本方法。

4.2　知识准备

PQArt 工业机器人离线编程仿真软件是北京华航唯实机器人科技股份有限公司推出的工业机器人离线编程仿真软件。经过多年的研发与行业应用，PQArt 掌握了离线编程多项核心技术，包括高性能 3D 平台、基于几何拓扑与历史特征的轨迹生成与规划、自适应机器人求解算法与后置生成技术、支持深度自定义的开放系统架构、事件仿真与节拍分析技术、在线数据通信与互动技术等。它的功能覆盖了机器人集成应用完整的生命周期，包括方案设计、设备选型、集成调试及产品改型。PQArt 在打磨、抛光、喷涂、涂胶、去毛刺、焊接、激光切割、数控加工、雕刻等领域有多年经验的积累，并逐步形成了成熟的工艺包与解决方案。

软件界面总体介绍如下。

总的来说，软件界面主要分为八大部分：标题栏、菜单栏（机器人编程、工艺包、自定义）、绘图区、机器人加工管理面板、机器人控制面板、调试面板、输出面板和状态栏，如图 1–33 所示。

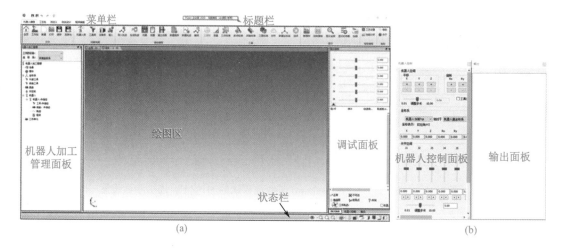

图 1–33　软件界面

1. 标题栏：显示软件名称、版本号和当前文件名。

2. 菜单栏：涵盖了 PQArt 的基本功能，如场景搭建、轨迹生成、仿真、后置、自定义等，是最常用的功能栏。

3. 绘图区：用于场景搭建、轨迹的添加和编辑等。

4. 机器人加工管理面板：由六大元素节点组成，包括场景、零件、工件坐标系、外部工具、快换工具以及机器人等，通过面板中的树形结构可以轻松查看并管理机器人、工具和零件等对象的各种操作。

5. 机器人控制面板：控制机器人六个轴和关节的运动、调整其姿态、显示坐标信息、读取机器人的关节值，以及使机器人回到机械零点等。

6. 调试面板：方便查看并调整机器人姿态、编辑轨迹点特征。

7. 输出面板：显示机器人执行的动作、指令、事件和轨迹点的状态。

8. 状态栏：包括功能提示、模型绘制样式、视向等功能。

4.3　任务实施

4.3.1　工作流程

一种工艺就跟搭积木一样，需要从最基础的构建开始循序渐进，最后展示出来。而 PQArt 实现了一站式解决方案，其工艺流程包括四个步骤：场景搭建、轨迹设计、仿真、后置，如图 1–34 所示。

4.3.2　场景搭建

场景搭建指的是导入工作站后，依据设定的工作方案，将机器人、工具、零件、状态机等摆放到与实际环境中一致的位置。

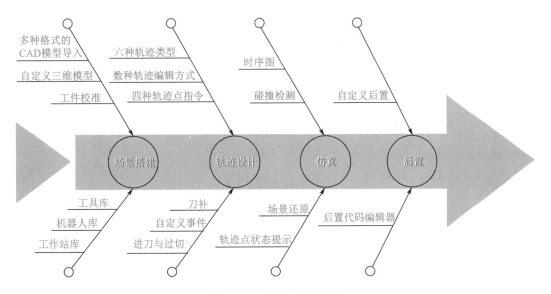

图 1-34 仿真工作流程图

场景搭建是为进入正式的机器人轨迹制作流程做准备。为了保证虚拟环境中工作站模型与实际环境工作站的位置、姿态一致，我们需要利用三维球工具在软件中调整各个工作单元的位置。

注：三维球是一个强大而灵活的三维空间定位工具，它可以通过平移、旋转和其他复杂的三维空间变换精确定位任何一个三维物体。

调整后的工作站全景如图 1-35 所示（以下只是一种可供参考的场景布局方案）。

4.3.3 轨迹设计

1. 什么是轨迹

轨迹是由符合一定条件的动点所形成的图形。在 PQArt 中，轨迹指的是机器人的运动路径，由若干个点组成，这些点称为轨迹点。轨迹的运行会根据点的顺序来执行操作，从点 1、点 2 开始，一直运行到最后一个点，如图 1-36 所示。

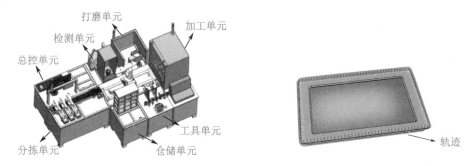

图 1-35 仿真布局图　　　　　图 1-36 轨迹

2. 轨迹作用

轨迹的位置和姿态决定了机器人运动的路径、方向、状态等。轨迹设计完成后，通过仿真、后置等功能实现真机运行。

3. 轨迹的完整操作流程

生成轨迹→编辑轨迹→仿真轨迹→后置，如图 1-37 所示。

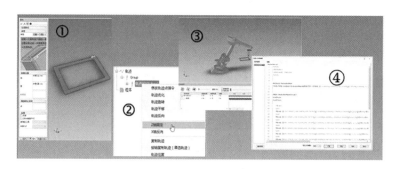

图 1-37　轨迹的完整操作流程

（1）生成轨迹：轨迹类型有六种，包括沿着一个面的一条边、面的外环、一个面的一个环、曲线特征、边、点云打孔等，它们分别根据边、线、面等来生成轨迹，我们应根据具体情况选择轨迹生成类型。

轨迹生成之后，所选轨迹的每个轨迹点会显示在调试面板上。

（2）编辑轨迹：编辑轨迹的目的是优化机器人运动的路径和姿态，最终实现工艺效果。轨迹生成后可能因为机器人的位置和关节运动范围等条件限制，出现不可达、轴超限、奇异点等问题，这时就需要编辑轨迹。

（3）仿真轨迹：PQArt 可实现对单条 / 多条轨迹的仿真，在虚拟环境中模拟真实环境机器人的运动路径和状态，从而尽量减少工作上的误差，力求工艺的完美。

（4）后置：轨迹设计好并进行仿真后，通过后置，将轨迹信息输出为机器人可执行的代码语言，导入示教器中，完成真机运行。

4.3.4　仿真

轨迹仿真能形象又逼真地模拟机器人运动的路径和状态，方便在真机操作前全面掌握机器人的运动情况，减少机器人上机失误等。

三种轨迹仿真方式的位置：机器人加工管理面板→轨迹的右键菜单→轨迹仿真。

1. 轨迹仿真

对当前选中的单条轨迹进行仿真（只仿真这一条轨迹）。

2. 从此轨迹开始仿真

对当前选中的单条轨迹及其以后的轨迹进行仿真。

3. 单机构运动到点和多机构运动到点

位置：功能位于选中轨迹中某个点后的右键菜单内。

说明：在多机器人环境下，选中某个机器人的某个轨迹点后，想查看机器人运动到该点时的轨迹求解状况，目前有两种办法。

（1）单机构运动到点：该轨迹点对应的机器人、机构单独运行到该点，其他机器人、机构静止不动。

（2）多机构运动到点：当该轨迹点对应的机器人、机构运行到该点的时间段内，场景中其余的所有机器人、机构会做同步运动。

4.3.5　后置

后置功能将在软件中生成的轨迹、坐标系等一系列信息生成机器人可执行的代码语言，之后可以拷贝到示教器中控制真机运行。后置流程如下。

1. 单击基础编程中的"后置"，弹出"后置处理"的对话框（图1-38）。

图 1-38　后置处理对话框

根据后置需求，分别设置"缩进设置""机器人末端""轨迹点命名"以及"程序名称"等，然后点击"生成文件"按钮。

2. 点击"生成文件"后，弹出后置代码编辑器，生成的代码如图1-39所示。

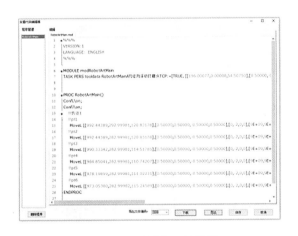

图 1-39　后置代码编辑器

可在后置代码编辑器中查看代码，之后通过"导出"将代码拷贝到示教器中，从而实现真机运行。

4.4　任务评测

任务要求：

1. 了解 PQArt 软件界面及菜单工具；

2. 学会使用三维球；

3. 搭建任务平台的仿真布局；

4. 了解轨迹生成方法及仿真步骤；

5. 学会后置仿真程序，并导入机器人中查看。

项目 2　工业机器人搬运工作站集成

任务 1　工业机器人搬运工作站的组成与连接

1.1　任务描述

机器人搬运工作站是工业机器人集成的典型工作站，是实际生产中完成各种产品搬运的重要工具之一。在这一任务中，我们通过使用 CHL–DS–11 型智能制造单元设备组装典型搬运工作站，学习典型机器人搬运工作站基本组成单元中的机械、电气及气路的连接方式和方法。

1.2　知识准备

主要准备工作：

在任务开始前应提前准备好本任务的相关功能单元、工具、网线、气管等器材。如图 2–1 所示便是完成拼装后的搬运工作站。所需器材清单如表 2–1 所示。

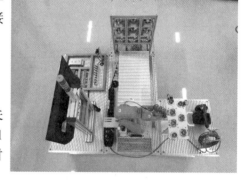

图 2–1　搬运工作站各组成单元

表 2–1　所需器材清单

名称	型号	数量	备注
总控单元	SIMATIC S7–1212C	2	
	具备基于 ProfiNet 的远程 I/O 模块	1	
执行单元	ABB IRB 120、SIMATIC S7–1212C	1	
工具单元	7 个不同类型的工具	1	

表 2–1（续）

名称	型号	数量	备注
仓储单元	具备基于 ProfiNet 的远程 I/O 模块	1	
连接板		若干	
配套工具	内六角扳手、水口钳、气管剪	1	
网线	5 m、10 m	若干	
气管	6 m	若干	
扎带	5 mm × 300 mm	若干	

1.3　任务实施

1.3.1　机械的连接

1. 考虑因素

在对总控单元、执行单元、工具单元、仓储单元进行布局时需要综合考虑各个单元的尺寸、机器人本体的工作范围、机器人在导轨上运行的有效行程等因素，保证在各个单元拼接完成时机器人能够顺利地取到工具台上的所有工具。

2. 安装固定

各个单元组合完毕后需要通过连接板固定连接（图 2–2）、地脚支撑升起（图 2–3），这样能够确保机器人在移动和对点位时单元模块不会轻易偏移，保证了机器人点位的准确性。

单元拼接及接线

（a）　　　　　　　　　　　（b）

图 2–2　通过连接板固定连接

图 2-3　地脚支撑

1.3.2　电气的连接

1. 接入外部电源

通过重载连接器连接总控单元和插座电源，这里要注意插座电源提供的应是
380 V，如图 2-4 所示。

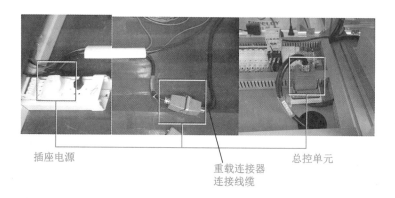

插座电源　　　　　　　重载连接器　　　　　　总控单元
　　　　　　　　　　　连接线缆

图 2-4　搬运工作站外部电源接入

2. 各单元电气连接

（1）通过航空电缆连接执行单元和配电单元，如图 2-5 所示。

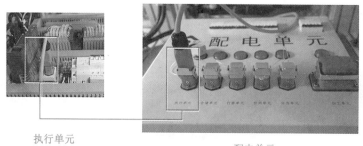

执行单元　　　　　　　配电单元

图 2-5　执行单元和配电单元连接

（2）通过航空电缆连接仓储单元和配电单元，如图 2-6 所示。

仓储单元　　　　　　　　　　　配电单元

图 2-6　仓储单元和配电单元连接

（3）各单元电缆连接好后，需要把多余的电缆线盘起，使用扎带扎好，如图 2-7 所示。

1.3.3　气路的连接

1. 气源的接入

应用平台总气源由空压机提供，将空压机一端引出的气管与总控单元工作台面的供气模块相连，如图 2-8 所示。

图 2-7　盘扎电缆线

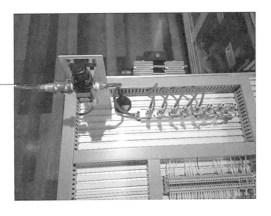

图 2-8　气源的接入

2. 各单元气路的连接

（1）用气管连接总控单元工作台面的供气模块阀门开关接头和执行单元的电磁阀进气管接头，如图 2-9 所示。

执行单元

总控单元

图 2-9　连接执行单元气路

（2）用气管连接总控单元工作台面的供气模块阀门开关接头和仓储单元的电磁阀进气管接头，如图 2-10 所示。

总控单元　　　　　　　　　　　仓储单元

图 2-10　连接仓储单元气路

1.3.4　通信线路的连接

1. 用网线连接总控单元工作台面的交换机网口和 PLC 的 ProfiNet 接口，如图 2-11 所示。

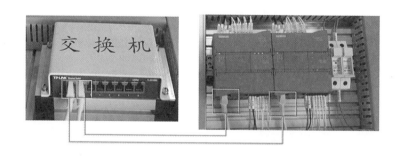

图 2-11　总控单元接入网络

2. 用另一根网线连接交换机网口和执行单元台面上的 PN IN 网口，如图 2-12 所示。

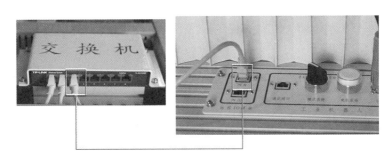

图 2-12　执行单元接入网络

3.用一根网线连接执行单元台面上的 PN OUT 网口和仓储单元远程 I/O 模块上的 PN IN 接口，如图 2-13 所示。

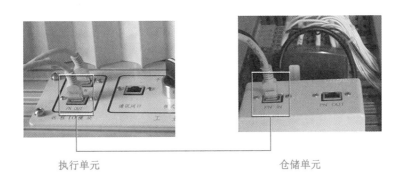

执行单元　　　　　　　　　仓储单元

图 2-13　仓储单元接入网络

1.4　任务评测

任务要求：

1.将总控单元、执行单元、工具单元、仓储单元拼接成搬运工作站，完成硬件设备拼接以及电路、气路和通信线路连接；

2.硬件连接可靠，设备不会移动；

3.正确连接电路、气路和通信线路。

任务 2　工业机器人工具单元集成开发

2.1　任务描述

工具单元用于存放不同功用的工具，是执行单元的附属单元，本任务使用工业机器人通过程序控制到指定位置安装或释放工具。

2.2　知识准备

工具单元由工作台、工具架、工具、示教器支架等组件构成。工具单元提供了 7 种不同类型的工具，每种工具均配置了快换模块工具端，可以与快

手动测试快
换工具动作

换模块法兰端匹配。工具单元如图 2-14 所示。

图 2-14　工具单元

2.2.1　轮辋外圈夹爪

轮辋外圈夹爪由气动控制，可实现对零件轮辋外圈的稳定拾取，配有快换系统工具侧，可实现与工业机器人法兰侧的快速匹配、安装与释放。如图 2-15 所示。

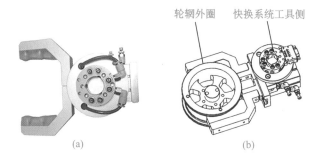

图 2-15　轮辋外圈夹爪

考虑到工具的外形结构特点及其使用时是否对单元模块存在干涉，轮辋外圈夹爪的允许应用场合如表 2-2 所示。

表 2-2　轮辋外圈夹爪的允许应用场合

工具名称	轮毂零件正面夹持	轮毂零件反面夹持	加工单元	分拣单元	打磨单元	仓储单元	检测单元
轮辋外圈夹爪	√	√	×	√	×	√	√

2.2.2　轮辋内圈夹爪

轮辋内圈夹爪由气动控制，可实现对零件轮辋内圈的稳定拾取，配有快换系统工具侧，可实现与工业机器人法兰侧的快速匹配、安装与释放。如图 2-16 所示。

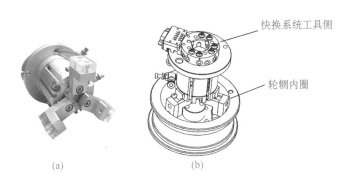

(a)　　　　(b)

图 2-16　轮辋内圈夹爪

考虑到工具的外形结构特点及其使用时是否对单元模块存在干涉，轮辋内圈夹爪的允许应用场合如表 2-3 所示。

表 2-3　轮辋内圈夹爪的允许应用场合

工具名称	轮毂零件正面夹持	轮毂零件反面夹持	加工单元	分拣单元	打磨单元	仓储单元	检测单元
轮辋内圈夹爪	×	√	×	√	√	√	√

2.2.3　轮辐夹爪

轮辐夹爪由气动控制，可实现对零件轮辐外侧的稳定拾取，配有快换系统工具侧，可实现与工业机器人法兰侧的快速匹配、安装与释放。如图 2-17 所示。

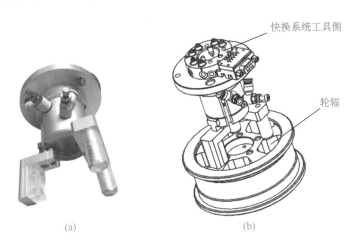

(a)　　　　　(b)

图 2-17　轮辐夹爪

考虑到工具的外形结构特点及其使用时是否对单元模块存在干涉，轮辐夹爪的允许应用场合如表 2-4 所示。

表 2–4　轮辐夹爪的允许应用场合

工具名称	轮毂零件正面夹持	轮毂零件反面夹持	加工单元	分拣单元	打磨单元	仓储单元	检测单元
轮辐夹爪	√	×	√	√	√	√	√

2.2.4　轮毂夹爪

轮毂夹爪由气动控制，可实现对零件轮毂外圈的稳定拾取，配有快换系统工具侧，可实现与工业机器人法兰侧的快速匹配、安装与释放。如图 2–18 所示。

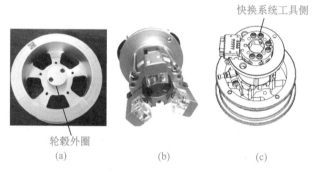

图 2–18　轮毂夹爪

考虑到工具的外形结构特点及其使用时是否对单元模块存在干涉，轮毂夹爪的允许应用场合如表 2–5 所示。

表 2–5　轮毂夹爪的允许应用场合

工具名称	轮毂零件正面夹持	轮毂零件反面夹持	加工单元	分拣单元	打磨单元	仓储单元	检测单元
轮毂夹爪	×	√	×	√	√	√	√

2.2.5　吸盘工具

吸盘工具由气动控制，可实现对零件轮辐表面的稳定拾取，配有快换系统工具侧，可实现与工业机器人法兰侧的快速匹配、安装与释放。如图 2–19 所示。

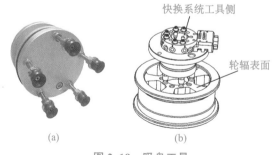

图 2–19　吸盘工具

考虑到工具的外形结构特点及其使用时是否对单元模块存在干涉，吸盘工具的允许应用场合如表 2–6 所示。

表 2–6   吸盘工具的允许应用场合

工具名称	轮毂零件正面吸取	轮毂零件反面吸取	加工单元	分拣单元	打磨单元	仓储单元	检测单元
吸盘工具	√	√	√	√	√	√	√

2.2.6   端面打磨工具

端面打磨工具由电动控制，利用端面毛刷对零件表面进行打磨加工，配有快换系统工具侧，可实现与工业机器人法兰侧的快速匹配、安装与释放。如图 2–20 所示。

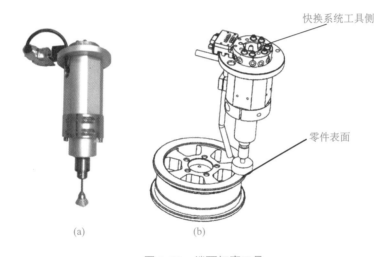

快换系统工具侧

零件表面

(a)　　　　　　　(b)

图 2–20   端面打磨工具

考虑到工具的外形结构特点以及其使用时是否对单元模块存在干涉，端面打磨工具的允许应用场合如表 2–7 所示。

表 2–7   端面打磨工具的允许应用场合

工具名称	轮毂零件正面打磨	轮毂零件反面打磨	加工单元	分拣单元	打磨单元	仓储单元	检测单元
端面打磨工具	√	√	×	×	√	×	×

2.2.7   侧面打磨工具

侧面打磨工具由电动控制，利用侧面棉布轮对零件表面进行打磨加工，配有快换系统工具侧，可实现与工业机器人法兰侧的快速匹配、安装与释放。如图 2–21 所示。

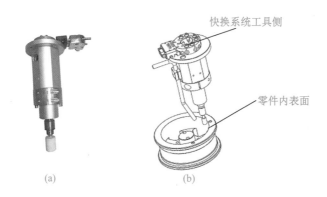

(a)　　　　　　　　(b)

图 2-21　侧面打磨工具

考虑到工具的外形结构特点及其使用时是否对单元模块存在干涉，侧面打磨工具的允许应用场合如表 2-8 所示。

表 2-8　侧面打磨工具的允许应用场合

工具名称	轮毂零件正面侧面打磨	轮毂零件反面侧面打磨	加工单元	分拣单元	打磨单元	仓储单元	检测单元
侧面打磨工具	×	√	×	×	√	×	×

2.3　任务实施

2.3.1　程序的结构设计

1. 机器人程序由多个模块组成，其中包括主程序模块、变量定义模块、功能程序模块、点位数据模块。如图 2-22 所示。

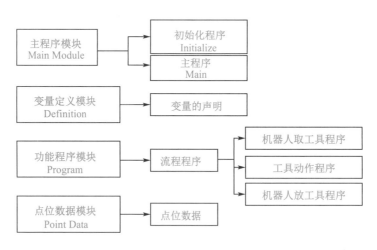

图 2-22　机器人程序模块

2. 程序的结构采用主程序调用子程序的模式进行展开。如图 2-23 所示。

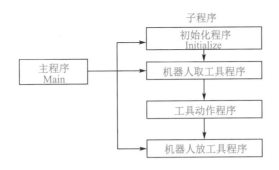

图2-23 程序的结构

2.3.2 编程思路

1. 根据程序执行的流程对机器人程序进行编程思路的构建。

2. 在初始化程序中对信号、变量、机器人位置等信息进行初始化设置。

3. 由于需要对多个工具进行拾取，可以在变量定义模块中声明一个代表不同工具号的变量"NumToolNo"。

取放工具及
工具动作

4. 机器人拾取工具的位置各不相同，可以在点位数据模块中用一个一维数组存储机器人拾取不同工具时的点位数据。

5. 取工具和放工具的功能程序类似，采用带参数的程序结构。例如取工具的程序"PROC PGetTool(num a)"，它是一个带参数a的子程序，参数a表示不同的工具号，通过后面在主程序中调用子程序"PGetTool NumToolNo"，即将变量NumToolNo的值赋给参数a，实现机器人能够取不同工具的目的。

6. 由于机器人取完工具后取出工具时的路径有所不同，可以采用一个条件判断指令，样例程序如下。

```
TEST ToolNum
CASE 1：
    MoveJ Offs(Area_1_1_Tool_0,0,0,50),TransitionSpeed2,fine,tool0;
    MoveL Area_1_1_Tool_0,GetSpeed2,fine,tool0;
    WaitTime 1;
    Reset QuickChange;
    WaitTime 1;
    MoveL Offs(Area_1_1_Tool_0,0,0,10),GetSpeed2,fine,tool0;
    MoveL Offs(Area_1_1_Tool_0,0,-120,10), TransitionSpeed1, fine, tool0;
    MoveL Offs(Area_1_1_Tool_0,100,-120,10), TransitionSpeed1, fine, tool0;
// 取完工具1后取出工具时的路径程序
 CASE 3：
    ReSet VacB_1;
    MoveJ Offs(Area_1_3_Tool_0,0,0,50),TransitionSpeed2,fine,tool0;
    MoveL Area_1_3_Tool_0,GetSpeed2,fine,tool0;
    WaitTime 1;
```

```
    Reset QuickChange;
    WaitTime 1;
    MoveL Offs(Area_1_3_Tool_0,0,0,10),GetSpeed2,fine,tool0;
    MoveL Offs(Area_1_3_Tool_0,100,0,10),TransitionSpeed1,fine,tool0;
```
// 取完工具 3 后取出工具时的路径程序
```
  CASE 4：
    MoveJ Offs(Area_1_4_Tool_0,0,0,50),TransitionSpeed2,fine,tool0;
    MoveL Area_1_4_Tool_0,GetSpeed2,fine,tool0;
    WaitTime 1;
    Reset QuickChange;
    WaitTime 1;
    MoveL Offs(Area_1_4_Tool_0,0,0,10),GetSpeed2,fine,tool0;
    MoveL Offs(Area_1_4_Tool_0,0,80,10),TransitionSpeed1,fine,tool0;
```
// 取完工具 4 后取出工具时的路径程序
```
  ENDTEST
```

7. 在工具动作的程序中采用紧凑型条件判断指令，例如 IF NumToolNo=1 set 工具动作信号。

2.4　任务评测

任务要求：

1. 对工具单元的工业机器人进行编程，实现工业机器人对多种工具进行拾取、返回安全姿态、工具动作、工具放回；

2. 合理设置过渡点，避免机器人与周边物体碰撞；

3. 应先使用点动模式测试程序，然后再连续运行；

4. 合理设置增量大小和操纵杆速度，避免在校点过程中发生碰撞。

任务 3　工业机器人仓储单元集成开发

3.1　任务描述

仓储单元用于临时存放零件，是应用平台的功能单元，本任务通过对总控单元的 PLC 进行编程，实现立体仓库的功能，并进一步实现立体仓库的自检功能。

3.2　知识准备

仓储单元由工作台、立体仓库、远程 I/O 模块等组件构成。立体仓库为双层六仓位结构，每个仓位可存放一个零件；仓位托板可推出，方便工业机器人以不同方式取放零件；每个仓位均设置有传感器和指示灯，可检测当前仓位是否存放有零件并将状态显示出来；仓储单元所有气缸动作和传感器信号均由远程 I/O 模块通过工业以太网传输到总控单元。如图 2-24 所示。

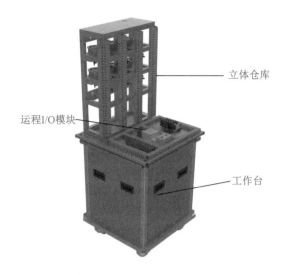

图 2-24　仓储单元

3.3　任务实施

3.3.1　总控 PLC 与仓储单元远程 I/O 模块组态

在开始任务前必须对总控单元的 PLC 进行配置，建立与仓储单元的远程 I/O 模块通信，并根据电路图纸建立信号表，才能为后续任务的完成做好准备。

1. GSD 文件的导入

如果要组态一个不在硬件目录中显示的 DP 从站，则必须安装由制造商提供的 GSD 文件。通过 GSD 文件安装的 DP 从站显示在硬件目录中，这样便可选择这些从站并对其进行组态。

通过点击博途软件"选项"中的"管理通用站描述文件（GSD）"添加相应的远程 I/O 模块的 GSD 文件。

2. 总控单元 PLC 与仓储单元远程 I/O 模块组态

（1）选择总控单元 PLC 的 CPU，注意添加的 PLC CPU 订货号、版本号应与实际选中的产品相一致，为添加的 PLC 设备分配 IP 地址。

（2）从硬件目录中选择需要的远程 I/O 模块，并将其添加到网络视图中，可以更改远程 I/O 模块的名称。

（3）为远程 I/O 模块设置 IP 地址（注意设置的 IP 地址应与 PLC 的 IP 地址处于同一个子网，但不能重叠），并为其分配应该连接的 PLC 端口。

（4）为远程 I/O 模块添加相应的数字量输入、数字量输出模块，并为其分配 I/O 起始地址。

3. I/O 信号表的建立

根据信号接线图（图 2-25）建立与仓储单元远程模块相关的 I/O 信号（表 2-9）。例如，根据信号接线图建立仓储单元 PLC 远程 I/O 模块数字量输入信号。

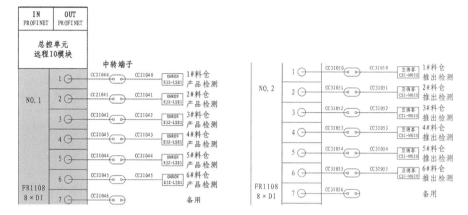

图 2-25　信号接线图

表 2-9　仓储单元 PLC 远程 I/O 模块数字量输入信号表

硬件设备	端口号	信号名称	功能描述	对应硬件
仓储单元远程 I/O 模块 No.1 FR1108 数字量输入模块	1	I4.0	1# 料仓产品检知	光电开关
	2	I4.1	2# 料仓产品检知	
	3	I4.2	3# 料仓产品检知	
	4	I4.3	4# 料仓产品检知	
	5	I4.4	5# 料仓产品检知	
	6	I4.5	6# 料仓产品检知	
仓储单元远程 I/O 模块 No.2 FR1108 数字量输入模块	1	I5.0	1# 料仓推出检知	磁性开关
	2	I5.1	2# 料仓推出检知	
	3	I5.2	3# 料仓推出检知	
	4	I5.3	4# 料仓推出检知	
	5	I5.4	5# 料仓推出检知	
	6	I5.5	6# 料仓推出检知	

仓储单元的
基本功能

3.3.2　仓储单元基本功能的实现

对总控单元的 PLC 进行编程，实现立体仓库的功能：每个仓位的传感器可以感知当前是否有轮毂零件存放在仓位中；仓位指示灯根据仓位内轮毂零件存储状态点亮，当仓位内没有存放轮毂零件时亮红灯，当仓位内存放有轮毂零件时亮绿灯。

1. PLC 编程思路

（1）检测料仓中是否有产品由料仓上安装的光电开关来确定，光电开关对于 PLC

程序来说是输入点。

（2）检测料仓中是否有零件由料仓上的红绿指示灯来体现，红绿指示灯对于 PLC 程序来说是输出点。

（3）为了实现不同检测信号下的指示灯效果，这里可以使用到"取反 RLO"逻辑运算指令。使用"取反 RLO"指令，可对逻辑运算结果（RLO）的信号状态进行取反。即如果该指令输入的信号状态为"1"，则输出的信号状态为"0"；如果该指令输入的信号状态为"0"，则输出的信号状态为"1"。

（4）程序功能的实现方式可参考如下的结构：当料仓产品检知有料时，料仓产品检知接通，此时绿色指示灯亮起；当料仓产品检知没有料时，"取反 RLO"指令将信号取反接通，使料仓红色指示灯变亮。1 号料仓检知程序如下所示：

```
    %I4.0                                          %Q4.1
"1#料仓产品检知"                                  "1#料仓一绿"
    ┤├────────────────┬──────────────────────────( )──────
                       │                           %Q4.0
                       │                         "1#料仓一红"
                       └──┤NOT├───────────────────( )──────
```

2. 仓储基本功能所需 I/O 信号表

为了更好地进行仓储基本功能的编程，需要仓储部分的 I/O 信号表，其中数字输出信号如表 2–10 所示，数字输入信号如表 2–11 所示。

表 2–10　数字输出信号

硬件设备	端口号	信号名称	功能描述	对应硬件
仓储单元远程 I/O 模块 No.3 FR2108 数字量输出模块	1	Q4.0	1# 料仓一红	料仓指示灯
	2	Q4.1	1# 料仓一绿	
	3	Q4.2	2# 料仓一红	
	4	Q4.3	2# 料仓一绿	
	5	Q4.4	3# 料仓一红	
	6	Q4.5	3# 料仓一绿	
仓储单元远程 I/O 模块 No.4 FR2108 数字量输出模块	1	Q5.0	4# 料仓一红	料仓指示灯
	2	Q5.1	4# 料仓一绿	
	3	Q5.2	5# 料仓一红	
	4	Q5.3	5# 料仓一绿	
	5	Q5.4	6# 料仓一红	
	6	Q5.5	6# 料仓一绿	

表 2-11　数字输入信号

硬件设备	端口号	信号名称	功能描述	对应硬件
仓储单元远程 I/O 模块 No.1 FR1108 数字量输入模块	1	I4.0	1# 料仓产品检知	光电开关
	2	I4.1	2# 料仓产品检知	
	3	I4.2	3# 料仓产品检知	
	4	I4.3	4# 料仓产品检知	
	5	I4.4	5# 料仓产品检知	
	6	I4.5	6# 料仓产品检知	

3.3.3　仓储单元自检功能的实现

仓储自检

对总控单元的 PLC 进行编程，实现立体仓库的自检功能。

自检功能：所有仓位按照仓位编号由小到大推出后，仓位指示灯红绿交替 1 s 闪烁 2 次，所有仓位按照仓位编号由大到小依次缩回。仓储单元自检流程如图 2-26 所示。

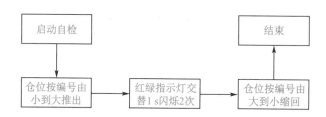

图 2-26　仓储单元自检流程图

1. 料仓的推出

料仓的推出（图 2-27）是为检测仓储单元的料仓推出机构运行是否正常，以及测试 PLC 程序的响应速度。为此我们需要明确料仓推出的具体功能。

（1）料仓从小到大依次推出，当编号较小的料仓推出故障时，之后的料仓均不能推出。

（2）当料仓推出故障时，需要触发报警标识，以供报警装置使用。

（3）全部料仓推出后，需要触发推出完成标识，以启动后续动作。

图 2-27　料仓推出图

推出部分中的 PLC 与外部设备信号的交互主要分为两类：料仓推出的检知、料仓气缸的控制，其对应 I/O 点如表 2-12 所示。

表 2-12　信号交互

信号名称	类型	对应I/O点	信号名称	类型	对应/I/O点
1# 料仓推出检知	bool	I5.0	1# 料仓推出气缸	bool	Q6.0
2# 料仓推出检知	bool	I5.1	2# 料仓推出气缸	bool	Q6.1
3# 料仓推出检知	bool	I5.2	3# 料仓推出气缸	bool	Q6.2
4# 料仓推出检知	bool	I5.3	4# 料仓推出气缸	bool	Q6.3
5# 料仓推出检知	bool	I5.4	5# 料仓推出气缸	bool	Q6.4
6# 料仓推出检知	bool	I5.5	6# 料仓推出气缸	bool	Q6.5
信号来源：检知传感器			信号来源：检知传感器		

具体程序分段解读如下。

（1）A：启用一个定时器 T0。初次运行当时间超过设定时间时（示例为 8 s），即会触发"推出时间截止"。为避免料仓推出程序反复执行，当指示灯"闪烁完成"或"自检完成"时即停止计时。

（2）B：当计时时间超过 1 s 时，该段程序启动，并置位"1# 料仓推出气缸"（Q6.0），1 号料仓推出。

（3）C：料仓推出后，检知传感器检测到该信号（I5.0），常开点闭合。当计时时间超过 2 s 时，C 段程序启动。后续料仓推出的编程思路均可参考 C 段程序的编制。

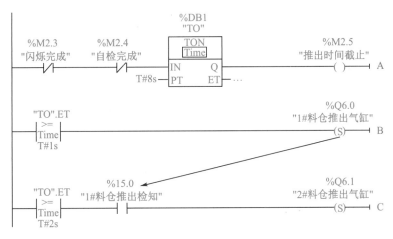

（4）D：当"6# 料仓推出检知"的常开点（I5.5）闭合后，D 段程序启动，置位"自检料仓推出完成"，即所有料仓推出完毕，可触发后续操作。

（5）E：该段程序功能为触发报警标识——"料仓推出超时"。

当到达定时器设置的时间时，"推出时间截止"被触发。此时只要料仓未完全推出，会立即置位"料仓推出超时"（M2.6），以触发后续的报警程序（示例中未编制）。

考虑到当指示灯闪烁完成后，料仓需要缩回，此时"自检料仓推出完成"会自动复位，可将"闪烁完成"的常闭触点串入该段程序。如此"闪烁完成"后，其常闭点断开，"料仓推出超时"不会被异常置位。"自检完成"的插入亦同理。

2. 指示灯的闪烁

指示灯的闪烁（图2–28）是为检测仓储单元的状态指示是否正常，以及测试PLC程序的响应速度。为此我们需要明确料仓指示灯闪烁的具体要求。

图 2–28　指示灯闪烁图

（1）红绿指示灯交替1 s闪烁2次。

（2）当执行红绿交替闪烁时，会屏蔽料仓是否有料的状态。

（3）指示灯闪烁完毕后，触发闪烁完成标识，以启动后续动作。

（4）具体程序分段解读如下。

①F：此段程序功能是要得到一个定时定点触发的脉冲。"自检料仓推出完成"被置位后，其常开点闭合，F段程序被执行，定时器"T1"启动。

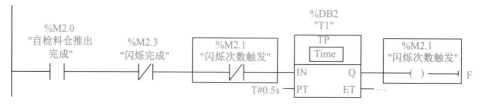

备注：一旦"闪烁完成"被标识后，其常闭点断开，该段程序将不被执行。

"闪烁次数触发"（M2.1）的输出点及常闭点分置在定时器的两侧，当定时器"T1"达到设定时间时，Q 点被置位为 1，此时会触发 M2.1 输出点，常闭点会断开，其输出点会立即复位，此时计时器又开始重新计时。如此周而复始，会得到如图 2-29 所示的时序图。Q 点的状态此时是一个 0.5 s 的脉冲。

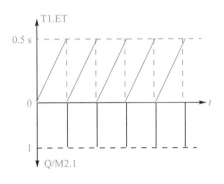

图 2-29 时序图

② G：指示灯闪烁中有对次数的限制，因此需要借助计数器来实现。每当"闪烁次数触发"被置位一次，即被视为指示灯已交替闪烁一次。触发两次后，达到设定次数 2，"闪烁完成"被置位为 1，即完成闪烁标识。

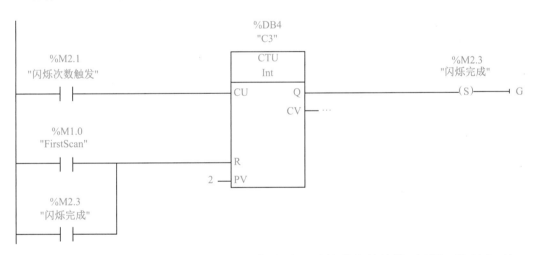

在初次运行或"闪烁完成"被置位时，都会清空计数器中的计数。根据 F 段程序可知，我们会得到一个只有两周期（0.5 s）的计时时间，该时间可用来触发指示灯状态。

③ H：我们需要用 F 段程序中计时器的计时时间来触发闪烁灯的状态。当计时时间小于 0.25 s 时，"指示灯自检闪烁"被置位；当计时时间为 0.25~0.5 s 时，"指示灯自检闪烁"被复位。

④ I：指示灯输出点的触发可在原"指示灯"程序的基础上改进。一方面需要屏蔽料仓产品检知的触发信号，如下面程序中 a 所示；另一方面需要添加"指示灯自检闪烁"的触发信号，如下面程序中 b 所示。

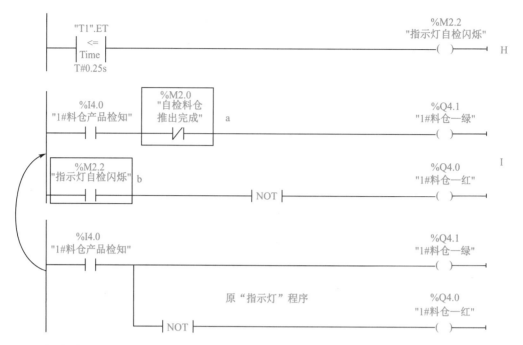

3. 料仓缩回

料仓的缩回（图2–30）是指仓储单元恢复至初始状态，并测试PLC程序的响应速度。为此我们需要明确料仓缩回的具体要求。

（1）料仓从大到小依次缩回，当编号较大料仓出现缩回故障时，之后的料仓均不能缩回。

（2）当料仓缩回故障时，需要触发报警标识，以供报警装置使用。

（3）全部料仓缩回后，需要触发自检完成标识，以启动后续动作。

（4）具体程序分段解读如下。

① J：启用一个定时器T2。初次运行当时间超过设定时间时（示例为8 s），即会触发"缩回时间截止"。当指示灯"闪烁完成"被复位时，即停止计时，可避免料仓缩回程序反复执行。

图2–30　料仓缩回图

② K：当计时时间超过0.1 s时，该段程序启动，并复位"6# 料仓推出气缸"（Q6.5），6号料仓缩回。

③ L：料仓缩回后，检知传感器未检测到信号（I5.5），其常闭点恢复至闭合状态。当计时时间超过1 s时，L段程序启动。

注意：后续料仓缩回的编程思路均可参考L段程序的编制。

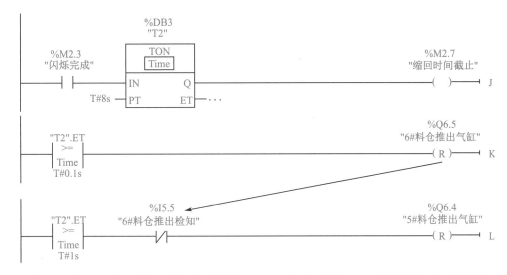

④ M：当"1#料仓推出检知"的常闭点（I5.0）闭合后，M段程序启动，将复位"闪烁完成"标识，以停止"T2"定时器的启动，并且置位"自检完成"标识，以供报警或其他程序段调用。

⑤ N：该段程序功能为触发报警标识——"料仓缩回超时"。

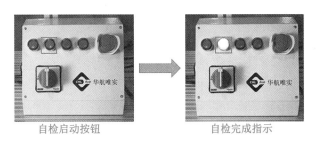

当到达定时器设置的时间时，"缩回时间截止"被触发。此时只要未触发"自检完成"信号，便会立即置位"料仓缩回超时"（M3.0），以触发后续的报警程序（示例中未编制）。

4. 编制主程序

本主程序的功能即让自检程序以及指示灯程序根据触发条件正常执行，其中包括自检完成标识的复位，自检启动按钮及自检完成指示图，如图 2-31 所示。其触发按钮及指示灯 I/O 表如表 2-13 所示。

图 2-31　自检启动按钮及自检完成指示图

表 2–13　触发按钮及指示灯 I/O 表

硬件设备	信号名称	类型	对应 I/O 点
自复位绿色按钮	自检启动	bool	I0.1
自复位红色按钮	自检复位	bool	I0.3
自复位绿色按钮指示灯	自检完成指示灯	bool	Q0.0

主程序分段解读如下。

（1）O：利用"自检启动"信号启动"执行仓储自检"标识，该标识一方面可以将自复位的输入信号（I0.1）转为自保持标识，用于触发"仓储自检"子程序（Q）；另一方面可用于仓储单元相冲突的程序段的互锁。

（2）P：利用"自检复位"信号复位"仓储自检"中的"自检完成"标识。

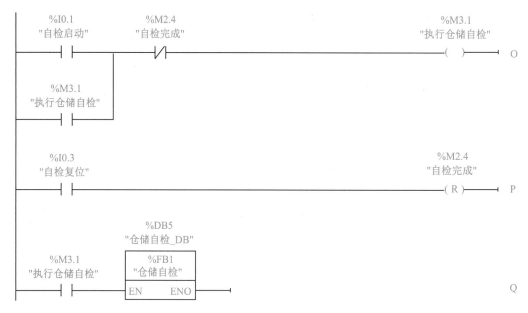

（3）R：将"自检完成"标识作为对应指示灯的触发信号。

（4）S："指示灯"模块在该主程序中可以无条件执行。

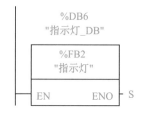

3.4 任务评测

任务要求：

1. 所有料仓按照仓位编号由小到大推出；
2. 仓位指示料仓灯红绿交替 1 s 闪烁 3 次；
3. 所有料仓按照仓位编号由大到小依次缩回；
4. 仓位指示灯红绿交替 1 s 闪烁 1 次。

 任务 4 工业机器人执行单元集成开发

4.1 任务描述

执行单元是产品在各个单元间转换和定制加工的执行终端,是应用平台的核心单元。本任务在 PLC 完成相应功能编程的基础上,对执行单元的工业机器人进行程序编制,实现通过工业机器人控制滑台做平移运动。

4.2 知识准备

执行单元由工作台、工业机器人、平移滑台、快换模块法兰端、远程 I/O 模块等组件构成。如图 2-32 所示。

图 2-32 执行单元图

工业机器人可在工作空间内自由活动,完成以不同姿态拾取零件或加工；平移滑台作为工业机器人扩展轴,扩大了工业机器人的可达工作空间,可以配合更多的功能单元完成复杂的工艺流程；平移滑台的运动参数信息,如速度、位置等,由工业机器人控制器通过现场 I/O 信号传输给 PLC,从而控制伺服电机实现线性运动；快换模块法兰端安装在工业机器人末端法兰上,可与快换模块工具端匹配,实现工业机器人工具的自动更换；执行单元的流程控制信号由远程 I/O 模块通过工业以太网与总控单元实现交互。

4.2.1 伺服控制原理

1. 伺服电机

（1）伺服电机概述

伺服电机又叫执行电机，或控制电机。如图 2-33 所示。

电机连接器   编码器连接器

法兰   编码器

电机转轴（转子）   电机外壳（定子）

图 2-33   伺服电机图

在自动控制系统中，伺服电机是一个执行元件，它的作用是把信号（控制电压或相位）变换成机械位移，也就是把接收到的电信号变为电机的一定转速或角位移。

（2）伺服电机分类

伺服电机分为直流伺服电机和交流伺服电机。

在我们实际生产应用当中，使用的是交流伺服电机，其具有显著特点：

①启动转矩大；

②运行范围广；

③无自转现象。

（3）交流伺服电机组成

交流伺服电机主要由定子、转子及测量转子位置的位置传感器组成。定子采用三相对称绕组结构，它们的轴线在空间中相隔120°。位置传感器一般为光电编码器或旋转变压器。如图 2-34 所示。

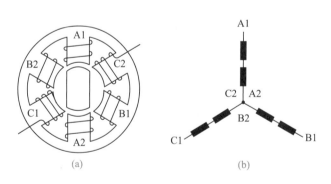

(a)   (b)

图 2-34   交流伺服电机组成图

（4）交流伺服电机原理

①原理

伺服电机内部的转子是永磁铁，驱动器控制的 U/V/W 三相电形成电磁场，转子在此磁场的作用下转动，同时电机自带的编码器反馈信号给驱动器，驱动器根据反馈值与目标值进行比较，调整转子转动的角度。

②主要特点

当信号电压为零时无自转现象，转速随着转矩的增加而匀速下降。

伺服电机的精度取决于编码器的精度（线数）。对带 17 位编码器的电机而言，驱动器每接收一个脉冲，电机转一圈。即：每个脉冲电机转动的角度为

$$360° / 131\ 072 = 0.002\ 7°$$

注意：在伺服电机实际使用过程中，必须了解电机的型号规格，确认好电机编码器的分辨率，才能选择合适的伺服控制器。

2. 伺服控制器

（1）伺服控制器概述

①定义

伺服控制器又称"伺服驱动器""伺服放大器"，是用来控制伺服电机的一种控制器。其作用类似于变频器作用于普通交流电机，属于伺服系统的一部分，主要应用于高精度的定位系统。如图 2–35 所示。

图 2–35　伺服控制器

②伺服控制器的三种控制方式（图 2–36）

a. 电流控制。电流控制也称转矩控制，是通过外部模拟量的输入或直接的地址的赋值来设定电机轴对外的输出转矩的大小，主要应用于需要严格控制转矩的场合，即电流环控制。

b. 速度控制。速度控制是通过模拟量的输入或脉冲的频率对转动速度进行的控制，即速度环控制。

c. 位置控制。位置控制是伺服中最常用的控制，其模式一般是通过外部输入的脉冲的频率来确定转动速度的大小，通过脉冲的个数来确定转动的角度，所以一般应用于定位装置，即三环控制。

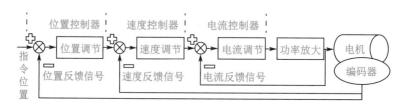

图 2-36 伺服控制器控制方式图

（2）伺服驱动器电子齿轮

电子齿轮功能是相对机械变速齿轮而言的，在进行控制时，不用顾及机械的减速比和编码器的线数，通过伺服参数的调整，可以将与输入指令相当的电机移动量设为任意值的功能。

电子齿轮比（G）由编码器解析度（分辨率 C）和计算出的每转的脉冲数（$N1$）决定。

$$电子齿轮比 = 编码器解析度 / 每转的脉冲数$$

例题：

伺服电机编码器分辨率 C 为 131 072 pulses/rev（17 线），伺服电机驱动器电子齿轮比 G 为 900：1，减速机减速比 n_1 为 3：1，同步带减速比 n_2 为 1.5：1，滚珠丝杠导程 L 为 5 mm。

求：在 PLC 轴工艺参数设置中电机每转的脉冲数 N 与负载位移 S(mm) 之间的关系。

分析：

PLC 接收到位移参数 I，根据 PLC 内部的工艺参数换算出发至驱动器的脉冲数 $N1$，然后驱动器再将接收到的脉冲数乘以电子齿轮比 G 得到 $N2$，向电机发送 $N2$ 的脉冲，电机将接收到的脉冲数与自身分辨率 C 作商，得出转动的圈数（角度），从而再根据外部的机械参数导出实际的目标位置。公式如下：

$$O = \frac{I}{S} \cdot N \cdot G \cdot \frac{1}{C} \cdot \frac{1}{n} \cdot L$$

解：设指令输入位置参数为 I（mm），实际输出位移为 O（mm）。

实际控制的要求为

$$S = \frac{N}{C} \cdot G \cdot \frac{1}{n_1} \cdot \frac{1}{n_2} \cdot L = \frac{N}{2^{17}} \cdot 900 \cdot \frac{1}{3} \cdot \frac{1}{1.5} \cdot 5 = \frac{1\ 000}{131\ 072} N$$

即：

$$\frac{N}{S} = \frac{131\ 072}{1\ 000}$$

因此，在轴工艺参数设置中，电机脉冲数与负载位移 (mm) 在数值上满足 131 072/1 000 即可。

4.2.2 运动控制指令

为了通过控制伺服电机实现滑台的手动前进、手动后退、回原点、定位（定速）等运动，我们必须学习博途软件中 S7-1200PLC 编程的运动控制指令。

1. MC_Power

"MC_Power"运动控制指令可启用或禁用轴。指令如图2-37所示,指令解析如表2-14所示。

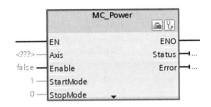

图 2-37 "MC_Power"运动控制指令图

表 2-14 "MC_Power"运动控制指令解析

参数	默认值	说明
Axis	—	轴工艺对象
Enable	FALSE	TRUE:轴已启用 FALSE:根据组态的"StopMode"中断当前所有作业,停止并禁用轴
StartMode *	1	0:启用位置不受控的定位轴 1:启用位置受控的定位轴
StopMode	0	0:紧急停止 1:立即停止 2:带有加速度变化率控制的紧急停止
Status	FALSE	功能块输出:表示轴的使能状态 FALSE:禁用轴,轴既不会执行运动控制指令,也不会接受任何新命令,"MC_Reset"命令除外 TRUE:轴已启用,即轴已就绪,可以执行运动控制命令

要求:

(1)定位轴工艺对象已正确组态;

(2)没有待解决的启用/禁止错误。

注意:当使用带 PTO 驱动器的定位轴时忽略更改参数,此参数在(重新)启用定位轴时的第一个扫描周期执行一次。

2. MC_Reset

"MC_Reset"运动控制指令可用于确认"伴随轴停止出现的运行错误"和"组态错误"。指令如图2-38所示,指令解析如表2-15所示。

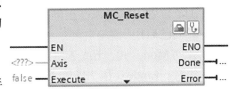

图 2-38 "MC_Reset"运动控制指令图

表 2-15　"MC_Reset"运动控制指令解析

参数	默认值	说明
Axis	—	轴工艺对象
Execute	FALSE	上升沿时启动命令
Done	FALSE	错误已确认

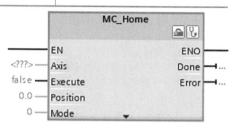

图 2-39　"MC_Home"运动控制指令图

3. MC_Home

轴的绝对定位需要回原点，"MC_Home"可将轴坐标与实际物理驱动器位置匹配。指令如图 2-39 所示，指令解析如表 2-16 所示。

表 2-16　"MC_Home"运动控制指令解析

参数	默认值	说明
Axis	—	轴工艺对象
Execute	FALSE	上升沿时启动命令
Position	0.0	Mode=0，2，3 时，为完成回原点操作之后，轴的绝对位置 Mode=1 时，对当前轴位置的修正值
Mode *	0	0：绝对式直接归位 1：相对式直接归位 2：被动回原点 3：主动回原点 6：绝对编码器调节（相对） 7：绝对编码器调节（绝对）
Done	FALSE	TRUE：命令已完成

（1）要求

①定位轴工艺对象已正确组态。

②轴已启用。

③以 Mode = 0，1 或 2 启动时不会激活 MC_CommandTable 命令。

注意：Mode 6 和 7 仅用于带模拟驱动接口的驱动器和 PROFIdrive 驱动器。

（2）参数 Mode 各个值的具体释义

①主动回原点（Mode = 3）

自动执行回原点步骤。

②被动回原点（Mode = 2）

被动回原点期间，运动控制指令"MC_Home"不会执行任何回原点运动。用户需通过其他运动控制指令执行这一步骤中所需的行进移动。检测到回原点开关时，轴即回原点。

③直接绝对回原点（Mode = 0）

将当前的轴位置设置为参数"Position"的值。

④直接相对回原点（Mode = 1）

将当前轴位置的偏移值设置为参数"Position"的值。

⑤绝对编码器相对调节 (Mode = 6)

将当前轴位置的偏移值设置为参数"Position"的值。

⑥绝对编码器绝对调节 (Mode = 7)

将当前的轴位置设置为参数"Position"的值。

4. MC_Halt

"MC_Halt"可停止所有运动并以组态的减速度停止轴运动，未定义停止位置。指令如图2-40所示，指令解析如表2-17所示。

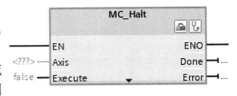

图2-40 "MC_Halt"运动控制指令图

表2-17 "MC_Halt"运动控制指令解析

参数	默认值	说明
Axis	—	轴工艺对象
Execute	FALSE	上升沿时启动命令
Done	FALSE	TRUE：速度达到零

（1）要求

①定位轴工艺对象已正确组态。

②轴已启用。

（2）可通过下列运动控制命令中止 MC_Halt 命令

MC_Home 命令（Mode=3）

MC_Halt 命令

MC_MoveAbsolute 命令

MC_MoveRelative 命令

MC_MoveVelocity 命令

MC_MoveJog 命令

MC_CommandTable 命令

5. MC_MoveAbsolute

运动控制指令"MC_MoveAbsolute"启动轴定位运动，以将轴移动到某个绝对位置。指令如图2-41所示，指令解析如表2-18所示。

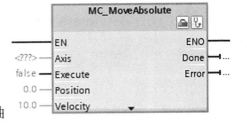

图2-41 "MC_MoveAbsolute"运动控制指令图

表 2-18 "MC_MoveAbsolute" 运动控制指令解析

参数	默认值	说明
Axis	—	轴工艺对象
Execute	FALSE	上升沿时启动命令
Position	0.0	绝对目标位置
Velocity	10.0	轴的速度。由于所组态的轴具有加速度、减速度以及待接近的目标位置等原因，这一速度可能与运动中的实际速度有差异
Done	FALSE	TRUE：达到绝对目标位置

要求：

（1）定位轴工艺对象已正确组态；

（2）轴已启用；

（3）轴已回原点。

6. MC_MoveJog

运动控制指令"MC_MoveJog"，在点动模式下以指定的速度连续移动轴。例如，可以使用该运动控制指令进行测试和调试。指令如图 2-42 所示，指令解析如表 2-19 所示。

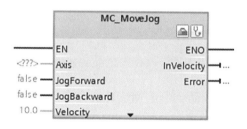

图 2-42 "MC_MoveJog" 运动控制指令图

表 2-19 "MC_MoveJog" 运动控制指令解析

参数	默认值	说明
Axis	—	轴工艺对象
JogForward	FALSE	TRUE：轴将按照"Velocity"中指定的速度，正向移动
JogBackward	FALSE	TRUE：轴将按照"Velocity"中指定的速度，反向移动
Velocity	10.0	点动模的预设速度 范围：启动 / 停止速度 ≤ Velocity ≤最大速度
InVelocity	FALSE	TRUE：达到参数"Velocity"指定的速度

要求：

（1）定位轴工艺对象已正确组态；

（2）轴已启用。

注意：如果 JogForward 和 JogBackward 这两个参数同时为零，轴将根据所组态的减速度直至停止，并发出错误警告。

7. MC_ReadParam

"MC_ReadParam"运动控制指令可连续读取轴的运动数据和状态消息。相应变量的当前值在命令的起始处决定。指令如图 2-43 所示，指令解析如表 2-20 所示。

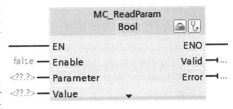

图 2-43　"MC_ReadParam"运动控制指令图

表 2-20　"MC_ReadParam"运动控制指令解析

参数	默认值	说明
Enable	FALSE	TRUE：读取通过"Parameter"指定的变量并将值存储在通过"Value"指定的目标地址中 FALSE：不会更新已分配的运动数据
Parameter	—	指向要读取的值的 VARIANT 指针，允许使用下列变量： ＜轴名称＞.Position ＜轴名称＞.Velocity ＜轴名称＞.ActualPosition ＜轴名称＞.ActualVelocity ＜轴名称＞.StatusPositioning.＜变量名称＞ ＜轴名称＞.StatusDrive.＜变量名称＞ ＜轴名称＞.StatusSensor.＜变量名称＞ ＜轴名称＞.StatusBits.＜变量名称＞ ＜轴名称＞.ErrorBits.＜变量名称＞
Value	—	指向写入所读取值的目标变量或目标地址的 VARIANT 指针
Valid	FALSE	TRUE：读取的值有效 FALSE：读取的值无效

（1）要求

定位轴工艺对象已正确组态。

（2）可读取数据

①轴的实际位置。

②轴的实际速度。

③当前的跟随误差。

④驱动器状态。

⑤编码器状态。

⑥状态位。

⑦错误位。

8. MC_WriteParam

运动控制指令"MC_WriteParam"可在用户程序中写入定位轴工艺对象的变量。与用户程序中变量的赋值不同的是，"MC_WriteParam"还可以更改只读变量的值。指令如图2–44所示，指令解析如表2–21所示。

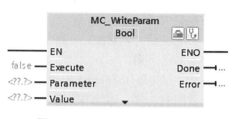

图 2 – 44　"MC_WriteParam"运动控制指令图

表 2–21　"MC_WriteParam"运动控制指令解析

参数	默认值	说明
Parameter	—	指向要写入工艺对象变量定位轴（目标地址）的 VARIANT 指针
Execute	FALSE	上升沿时启动命令
Value	—	指向要写入值（源地址）的 VARIANT 指针
Done	FALSE	TRUE：值已写入

要求：

（1）定位轴工艺对象已正确组态；

（2）要在用户程序中写入只读变量，必须禁用轴；

（3）更改需要重新启动的变量不能用"MC_WriteParam"写入。

4.3　任务实施

本次任务分3个阶段进行，第1阶段进行伺服轴的配置，第2阶段进行伺服轴 PLC 编程，最后一个阶段进行定位运动机器人编程。

伺服轴控制
的硬件组态

4.3.1　伺服轴的配置

对执行单元的 PLC 进行配置，根据电路图纸建立信号表，根据以下参数配置 PLC 内伺服模块的运动参数。

伺服电机编码器分辨率为 131 072 pulses/rev（17线），伺服电机驱动器电子齿轮已设置为 900∶1，减速机减速比为 3∶1，同步带减速比为 1.5∶1，滚珠丝杠导程为 5 mm。

轴运动工艺
参数的配置

1. 任务分析

首先，这一系列的配置需要有硬件做支撑，即 DS11 设备的执行单元。在对硬件设备了解的基础上，需要确认 PLC 的型号以及扩展 I/O 模块的型号，以便在软件中进行组态设置。

其次，对此单元要求明确其内部的接线情况，尤其是伺服驱动器与 PLC 之间、传感器与 PLC 之间的接线状况，以确定通信 I/O 表。

再次，需要进行 PLC 硬件组态，在组态时一定要与实际的设备型号相匹配。

最后，需要进行轴运动工艺参数的设置，明确轴运动的参数要求。

2. 轴配置信号表

明确伺服内部的接线情况，如图 2-45 所示。

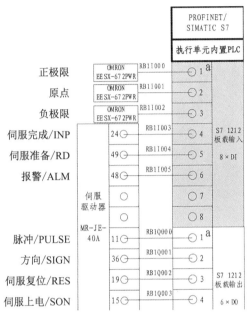

图 2-45　伺服接线图

根据接线情况确认 I/O 信号表，如表 2-22 所示：

表 2-22　伺服 I/O 信号表

硬件设备	端口号	信号名称	功能注解	对应硬件设备
S71212 板载数字量输入	1	I0.0	滑台正极限	传感器
	2	I0.1	滑台原点	
	3	I0.2	滑台负极限	
	4	I0.3	伺服完成 /INP	伺服驱动器
	5	I0.4	伺服准备 /RD	
	6	I0.5	伺服报警 /ALM	
S71212 板载数字量输出	1	Q0.0	脉冲 /PULSE	伺服驱动器
	2	Q0.1	方向 /SIGN	
	3	Q0.2	伺服复位 /RES	
	4	Q0.3	伺服上电 /SON	

3. 轴组态设置

（1）常规设置（图 2-46）

①需要定义工艺对象——轴的名称，如"伺服轴"。

②选择驱动器连接的类型。此处选择 PTO（Pulse Train Output），即驱动器可通过脉冲发生器输出，可选"使能输出"和"准备就绪输入"进行连接。

③选择位置测量单位

在进行轴组态时，可选择该位置处的驱动装置接口和测量单位，此处选择 mm。后续更改时，参数需复位或重新初始化，要求用户再次检查组态对话框的参数。在用户程序中，可能需要根据新的测量单位对运动控制指令的输入参数值进行相应调整。

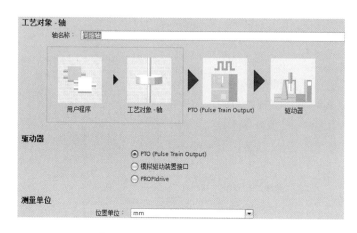

图 2-46 伺服轴配置常规部分图

（2）驱动器设置（图 2-47）

①选择一个脉冲发生器，此处选择 Pulse_1。

②信号类型选择 PTO（脉冲 A 和脉冲 B）。

③根据 I/O 表，选择脉冲输出（Q0.0）和方向输出（Q0.1）。

④选择使能输出端口（Q0.3）和就绪输入端口（I0.4）。

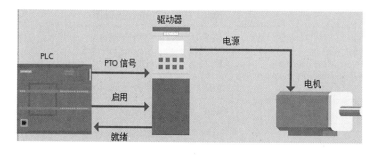

图 2-47 伺服轴配置驱动器部分图

4. 机械设置（图 2-48）

（1）需要设置电机每转的脉冲数，0 < 电机每转的脉冲数 ≤ 2 147 483 647，此处设置为 1 310。

（2）设置电机每转的负载位移，此处设为 10 mm。

（3）通过组态此框可决定系统机械是同时朝两个方向运动，还是只朝正向或负向运动。所允许的旋转方向设置为双向。

5. 位置限制设置（图 2-49）

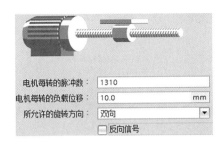

图 2-48 伺服轴配置机械部分图

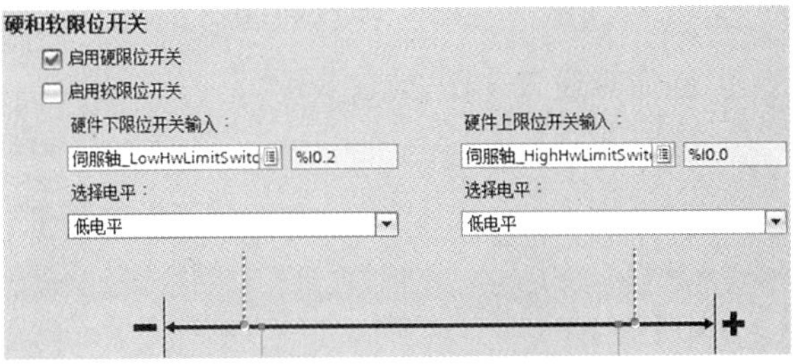

图 2-49 伺服轴配置位置限制部分图

（1）启用硬限位开关。

（2）硬件下限位开关输入，此处为 I0.2。

（3）硬件上限位开关输入，此处为 I0.0。

（4）作用电平均为低电平。原因：在硬限位处设置有光电传感器，常态为高电平。当轴运动至上、下限位时，对应传感器变为低电平，此电平即可触发限位信号。

6. 动态——常规设置（图 2-50）

（1）设置速度限值的单位为 mm。

（2）设置最大转速为 25 mm/s。

（3）设置加、减速时间为 0.2 s，加速度的值会随着加速时间变动而自动变化。

加减速关系如下：

$$加速时间 = \frac{最大速度 - 启动/停止速度}{加速度}$$

$$减速时间 = \frac{最大速度 - 启动/停止速度}{减速度}$$

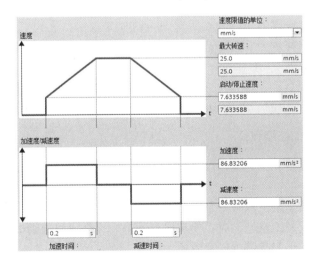

图 2-50 伺服轴配置动态——常规部分图

7. 动态——急停设置（图 2-51）

设置急停减速时间为 0.1 s 或设置相应的紧急减速度为某值。二者为相关量，确定一值，另一值即可固定，其关系如下：

$$急停减速时间 = \frac{最大速度 - 启动/停止速度}{急停减速度}$$

8. 回原点设置（图 2–52）

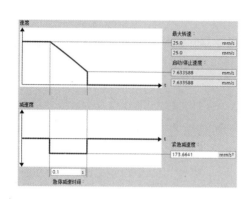

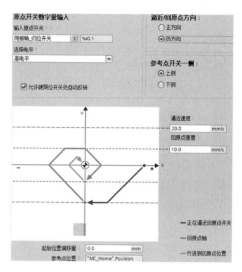

图 2–51　伺服轴配置动态——急停部分图　　　　图 2–52　伺服轴配置回原点部分图

（1）输入原点开关，I0.1。

（2）选择电平为高电平。

（3）勾选"允许硬限位开关处自动反转"。

（4）逼近/回原点方向，选择"负方向"。

（5）参考点开关一侧，选择"上侧"。

（6）逼近速度设置为 20 mm/s。

（7）回原点速度设置为 10 mm/s。

（8）起始位置偏移量为 0.0 mm。

（9）参考点位置为"MC_Home".Position。参考点位置即当执行回原点操作后，轴此时所处的位置为原点开关位置（原点传感器输入信号 I0.1），并将此位置记录为回原点指令"MC_Home"中的"Position"参数值。

4.3.2　伺服轴 PLC 编程

本阶段任务是编制 PLC 程序，实现滑台的手动前进、手动后退、回原点、定位（定速）运动。其中：

（1）当滑台运动至限位点时，系统可以进行自复位，并可执行反向操作；

（2）定位运动或回原点运动时，要求滑台到位后，都可以反馈给上位机到位信号；

（3）速度可以在某一范围内任意取值。

1. 任务分析

首先，PLC 的编程是在 PLC 硬件组态、轴组态配置完毕的前提下进行的。

其次，由硬件的设计可知，PLC 的运动参数及运动触发信号全部由机器人提供，因此明确 PLC 接收到的各信号的类型及其功能是有必要的。

对于一个确定的运动而言，主要包含的参数如图 2–53 所示。

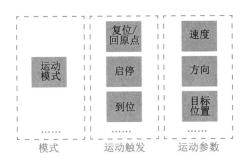

图 2–53　运动参数

通过解读，可以知晓本任务主要通过机器人与 PLC 通信的方式满足对平移滑台的运动控制，使滑台既可以回原点（定位运动前提），也可以按照一定的速度运动至某一特定点，或者手动控制滑台在一定的参数域自由运动。如图 2–54 所示。

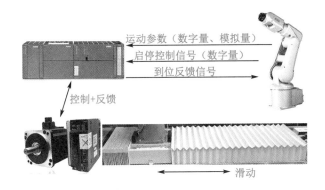

图 2–54　任务解析图

（1）位置参数

导轨的可调长度为 0~760 mm，将导轨的长度编辑组信号 (ToPGroPosition)，以滑台目标位置为例，如图 2–55 所示。

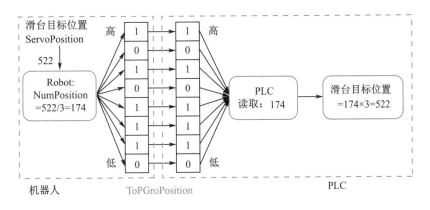

图 2–55　位置参数

（2）速度参数

机器人将速度参数（ServoVelocity）以模拟量（0~10 V）的形式发送至 PLC，PLC 根据接收到的电压值解读出速度参数，便于精确控制滑台移动速度。以最大速度 25 mm/s，输入速度值 15 mm/s 为例，如图 2-56 所示。

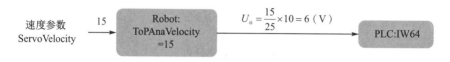

图 2-56　速度参数

（3）启停

为实现机器人的位置实时与目标位置保持一致，可利用"比较"功能。当目标位置值与当前位置值不一致时，即可触发启动功能。

停止的触发条件可以有到位触发、停止触发。

（4）回原点、到位

回原点由对应信号（ToPDigHome）触发，到位后驱动器将到位信号反馈至 PLC，再发送至机器人。

2. 任务涉及 I/O 信号表

（1）本任务中涉及的 PLC 输入由机器人、传感器反馈提供，如表 2-23 所示。

表 2-23　输入信号表

信号名称	类型	功能描述	对应 PLC 的 I/O 点	对应设备
—	bool	滑台正极限	I0.0	滑台传感器
—	bool	滑台原点	I0.1	
—	bool	滑台负极限	I0.2	
ToPGroPosition	GO	目标位置参数	I8.0~I8.7	Robot
ToPAnaVelocity	AO	速度参数	IW64	
ToPDieHome	DO	伺服回原点	I9.0	
ToPDigForward	DO	伺服正转（滑台前进）	I9.1	
ToPDigBackward	DO	伺服反转（滑台后退）	I9.2	
ToPDigServoMode	DO	伺服手/自动模式	I9.3	
ToPDigServoStop	DO	伺服停止（暂停）	I9.4	

（2）本任务中涉及的 PLC 的输出由机器人输出到位信号，如表 2-24 所示。

表 2–24   输出信号表

信号名称	类型	功能描述	对应 PLC 的 I/O 点	对应设备
FrPDigServoArrive	bool	滑台到位	Q0.4	Robot

3. 编程思路

（1）建立变量表

根据 PLC 的输入输出信号表，建立输入输出变量表。其中对于中间变量的构建，可以在编程过程中根据需要即时建立，如图 2–57 所示。

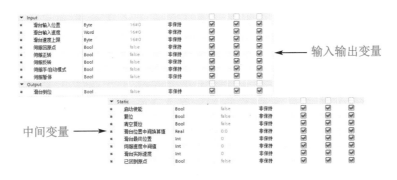

图 2–57   变量表

在程序编制之前，可先选择系统和时钟存储器，以备编程过程中使用，如图 2–58 所示。

图 2–58   启用系统存储器和时钟存储器

（2）启用轴

在工艺轴组态调试过程中，为避免重复下载程序，可通过置位 / 复位中间变量"启动使能"，使"Enable"端口状态为 0 或 1，从而精简调试过程。程序如下所示：

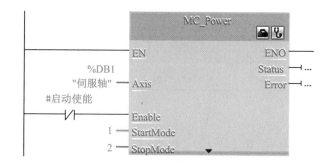

（3）回原点

回原点动作的触发信号为伺服回原点信号。回原点模式为 3，即主动回原点模式。程序如下所示：

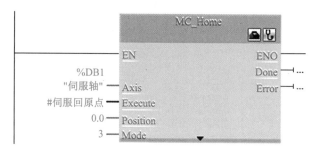

（4）伺服速度定义

S7–1200 的 CPU 集成模拟量输入，信号类型对应电压值为 0~10 V，对应量程范围为 0~27 648。当 PLC 接收到 0~10 V 的电压时，会有内部的 A/D 转换芯片将电压值转化为相应的数字值，如：5 V 对应的数字值为 13 824。程序如下所示：

本伺服速度定义的功能即将已经转化的电压值换算成滑台运动的实际速度值。计算公式如下所示：

$$滑台实际速度 = \frac{滑台速度上限}{27\,648} \times 滑台输入速度$$

（5）伺服点动

①伺服正转变量对应"JogForward"端口。

②伺服反转变量对应"JogBackward"端口。

③滑台实际速度变量对应"Velocity"端口。

注意：为保证手动模式与自动模式不冲突，在点动触发信号前设置"伺服手 / 自动变量"，达到互锁功能。程序如下所示：

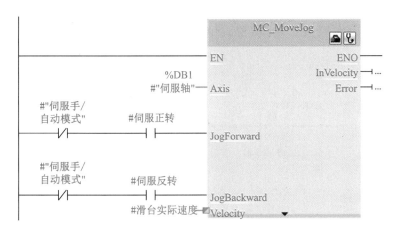

（6）位置换算

以组信号形式输入的位置参数类型为 INT 型，而定位运动控制指令模块的位置输入变量为 Real 型，因此需要先进行变量类型转换。根据接收到的位置参数，PLC 中进行数值换算，还原滑台的目标位置（滑台最终位置）。程序如下所示：

（7）定位运动

①滑台最终（目标）位置变量对应"Position"端口。

②滑台实际速度变量对应"Velocity"端口。

③Execute 上升沿有效，其触发需要通过"伺服手 / 自动模式"来作用。程序所右所示：

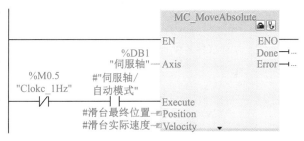

注意：中间变量"Clock_1Hz"为系统时钟，可以提供频率为 1 Hz 的脉冲，在本程序中可选用也可不选用，具体分析如下。

选用：当"伺服手 / 自动模式"变量切换至自动模式（变量置为 1）时，Execute 会持续接收到上升沿的触发。此时滑台的位置与速度会实时与设定值保持一致。

不选用：此时定位运动只有在"伺服手 / 自动模式"变量由 0 至 1 时触发一次，在运动过程中若位置与速度参数设定值改变，滑台依然按照触发时的设定参数运动。

（8）到位反馈

①a：在伺服处于自动模式时，即"伺服手 / 自动模式"变量置为 1，此时 B 路断。当伺服轴的实时位置与滑台最终（目标）位置一致时，即可触发滑台到位信号。

②b：在伺服处于手动模式时，即"伺服手 / 自动模式"变量置为 0，此时 A 路断。此时只要伺服轴执行完回原点操作，变量"StatusBits.HomingDone"状态变为 1，B 路通，此时可以触发滑台到位信号。

③c：在手动模式下执行点动操作时，滑台到位信号不触发；点动操作结束后即可触发到位信号。

到位反馈程序如下所示：

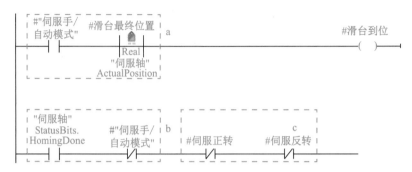

在滑台轴的上、下两个限位处均布置有传感器。在滑台未到达限位时，传感器处于高电位，即变量"HighHwLimitSwitch"与"LowHwLimitSwitch"默认状态相反，此时不会触发"复位"变量。

当滑台运动至上限位或下限位时，对应传感器处于低电平，对应变量恢复至默认状态，此时可触发"复位"变量。

"复位"变量触发时，运动指令块的"Execute"接收到上升沿，触发复位功能。程序如下所示：

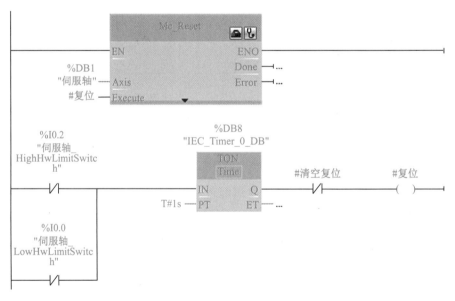

（9）伺服自动复位功能的恢复

对于伺服轴而言，复位功能不能一直处于激发状态，当滑台移出限位位置时，伺服轴需要自动恢复"可复位功能"，即"复位"变量状态变为0。

①当"复位"变量为1时，其常开闭合，置位"清空复位"变量，使"复位"变量状态变为0。

②当滑台移出限位位置时，此时两限位变量均被置位，其常开闭合，复位"清空复

位"变量，该变量所对应的常闭亦闭合，系统恢复至"可复位功能"。程序如下所示：

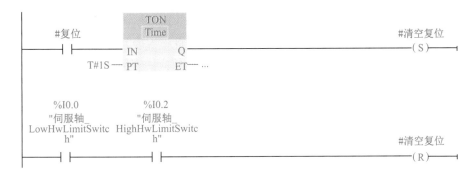

（10）伺服暂停

伺服暂停指令块的触发，需要变量"伺服暂停"的置位上升沿来触发。当伺服轴停止时，其他运动指令如"MC_Home、MC_MoveAbsoulute"等可以终止该暂停指令，使轴可以正常动作。程序如下所示：

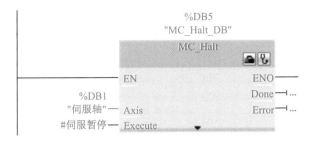

4.3.3　定位运动机器人编程

在 PLC 完成相应功能编程的基础上，对执行单元的工业机器人进行程序编制，实现通过工业机器人可控制滑台做平移运动。

1. 任务分析

本任务是在 PLC 程序已编制完成，可以实现滑台手动前进、后退、回原点和定位运动的基础上，去编写机器人程序，因此需要再次明确各参数及指令的功能及传递方式，然后进行滑台定位程序（以下简称：程序）编写。

（1）确定程序的类型。

①程序类型分为"程序""功能""中断"三大类，因为在程序内部不需要回某一参数值的需求，所以可确定程序类型为"程序"。

②滑台移动需要两个参数，即滑动位置和滑动速度。为保证此程序在其后的案例主程序中可以不同的参数状态被调用，所以可确定程序需要带参数。

（2）确定各参数的传递形式，以确定赋值语句的结构。

①为确保位置参数的精度，该参数是由机器人的 8 位数字量输出信号（硬件限制）组成的组信号 ToPGroPosition 传递，其传递的位置参数类型只能为整数型，且最大值为255。

②速度参数是由机器人的模拟量输出信号 ToPAnaVelocity 传递，其逻辑值可以根据实际要求而设定，对应输出电压 0~10V。

（3）确定编程思路。

①因为在 PLC 程序中，还要对机器人实际传递过去的位置值进行乘 3 处理（解压缩），当组信号为最大值（255）时，滑台的实际移动距离为 765，此时已超过滑台行程。因此在程序之初应当设置位置参数输入区间，以避免此情况发生。

②为保证调用程序的直观性，程序名后的输入参数应为实际运行位置值，由参数传递的方式，需要先将该参数对 3 取商（压缩），然后再赋值给位置组信号。速度参数可直接进行赋值。

③机器人控制滑台自动移动，需要调整运行模式为自动运行。

④在程序末，需要等到 PLC 反馈滑台已到位（FrPDigServoArrive），并将滑台运行模式恢复至手动模式。

2. 信号、参数表

机器人程序的编制需要使用下列参数及信号，其具体释义如表 2–25 所示。

表 2–25　机器人参数及信号表

名称	类型	释义
ServoPosition	mum	伺服位置输入参数
ServoVelocity	num	伺服速度输入参数
NumPosition	num	伺服位置中间变量
ToPAnaVelocity	AO	模拟输出信号——速度
ToPGroPosition	GO	组输出信号——位置
ToPDigServoMode	DO	滑台运行模式：1 自动运行；0 手动运行
FrPDigServoArrive	DI	伺服到位信号

3. 编程思路

机器人程序的编制思路如图 2–59 所示。

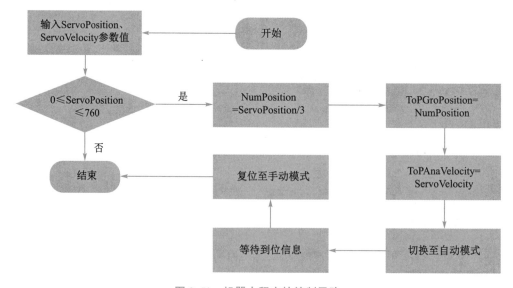

图 2–59　机器人程序的编制思路

4. 程序编写

（1）定位运动机器人样例程序如下：

```
PROC FSlide(Num SevroPosition,Num SevroVelocity)
    TEST SevroVelocity
    CASE 0：
        SetGO ServoVelocity,0;
    CASE 1：
        SetGO ServoVelocity,1;
    CASE 2：
        SetGO ServoVelocity,2;
    CASE 3：
        SetGO ServoVelocity,3;
    ENDTEST
    SetGO ServoPosition,Position;
    WaitDI ServoArrive,1;
    SetGO ServoVelocity,0;
ENDPROC
```

（2）程序编制完成后，可以通过主程序对该程序进行调用，调用时需在程序名后输入两个运动参数的值，如下所示：

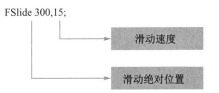

在本任务中，执行该子程序时滑台会以 15 mm/s 的速度滑到距原点位置 300 mm 处。

4.4　任务评测

任务要求：

1. 完成伺服轴配置及伺服轴 PLC 运动控制编程；

2. 完成定位运动机器人编程；

3. 测试伺服轴可否将机器人运送到指定位置。

任务 5　工业机器人搬运工作站集成应用实训

5.1　任务描述

本次实训工作任务内容如下：

1. 工业机器人由仓储单元将轮毂零件取出；

2. 优先取出所在仓位编号较大的轮毂零件；

3. 若此轮毂零件已被取出过，则跳过此仓位；

4. 工业机器人将所持轮毂零件放回仓储单元；

5. 放入的仓位编号为该轮毂零件取出时的仓位编号。

5.2 知识准备

5.2.1 功能划分

1. PLC 的功能划分

（1）可以向机器人反馈料仓的状态（是否有料）。

（2）对机器人发出的仓位号执行对应料仓的弹出动作。

（3）反馈当前料仓的弹出是否到位。

2. 工业机器人的功能划分

（1）对有料的仓位编号进行大小判断。

（2）对 PLC 发出要取 / 放的仓位号，并记录已经取 / 放过的仓位号。

（3）执行取、放料动作。

5.2.2 信号交互

1. PLC 与仓储单元远程 I/O 模块组态

组态 PLC 与执行单元远程 I/O 模块（Sliding table），网络结构如图 2–60 所示。

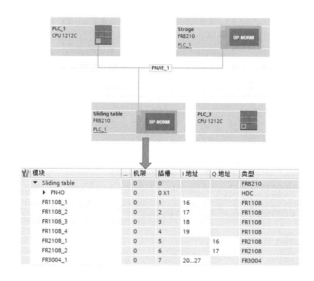

图 2–60　网络结构图

在组态时应注意：需要更改拓展模块的网址；需要更改模块的 IP 地址。

2. 确认系统 I/O 信号表

PLC 及机器人程序的编制需要使用下列信号，其具体释义及对应的信号详如表 2–26 所示。

表 2-26　系统 I/O 信号表

序号	机器人信号名称	功能描述	类型	对应 I/O 点
1	FrPDigStoragelHub	机器人得知 1 号料仓有料	bool	Q17.0
2	FrPDigStorage2Hub	机器人得知 2 号料仓有料	bool	Q17.1
3	FrPDigStorage3Hub	机器人得知 3 号料仓有料	bool	Q17.2
4	FrPDigStorage4Hub	机器人得知 4 号料仓有料	bool	Q17.3
5	FrPDigStorage5Hub	机器人得知 5 号料仓有料	bool	Q17.4
6	FrPDigStorage6Hub	机器人得知 6 号料仓有料	bool	Q17.5
*7	FrPGroStorageArrive	告知机器人料仓弹出到位	byte	QB16
*8	ToPGroStroageOut	弹出对应编号的仓位	Gro	I18.1~I18.3

注：　"*"为机器人对应的信号值即为当前动作的料仓号，如：FrPGroStorageArrive=4，即 PLC 告知机器人当前 4 号料仓弹出到位；ToPGroStroageOut=6，即机器人告知 PLC 弹出 6 号料仓。

5.3　任务实施

5.3.1　PLC 编程

1. 信号转换

由功能划分可以知道，PLC 对机器人发出的仓位号会执行对应料仓的弹出动作，这就需要机器人对组信号（ToPGroStroageOut）的数值进行解码，即转换为等值的二进制数，然后通过扩展 I/O 模块的输出端口输出至 PLC 的输入端口。PLC 程序会综合这三个输入端口的状态执行不同的动作。

此处以 5 号料仓的弹出为例进行说明，信号转换及传递方法如图 2-61 所示。

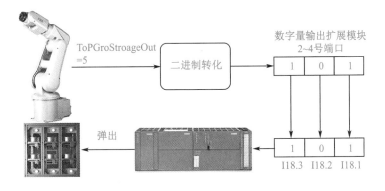

图 2-61　信号传输图

对于程序的编制，不仅要满足料仓弹出的功能需求，还需要将当前料仓的弹出状态反馈给机器人，如下所示：

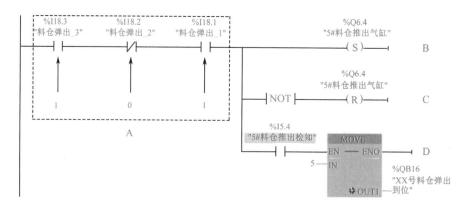

（1）A：I18.3 点状态为 1，该常开点闭合；I18.2 点状态为 0，该常闭点闭合；I18.1 点状态为 1，该常开点闭合。综上，所有点均为闭合状态，条件 A 满足。

（2）B：当 A 条件满足时，则执行 B 段程序，即 5 号料仓被弹出；若 A 条件不满足，则执行 C 段程序，即 5 号料仓缩回。

（3）C：当 A 条件满足且 5 号料仓已弹出时，会将弹出料仓号（5）反馈至机器人。

（4）其他料仓的弹出、缩回以及弹出料仓的编号反馈，均可参考上述 5 号料仓的编程方式，其中 A 对应不同的触发条件，如下所示：

I18.3	I18.2	I18.1	仓号
0	0	1	1
0	1	0	2
0	1	1	3
1	0	0	4
1	0	1	5
1	1	0	6

当 I18.1–I18.3 呈现不同的状态时，可启动不同的程序段。

2. 信号反馈

由功能划分可以知道，PLC 需要将各个料仓是否有料的状态实时反馈给机器人。

在此段程序的编制中，PLC 只需将料仓产品检知传感器的接收信号反馈给机器人即可，如下所示：

```
        %I4.0                                        %Q17.0
    "1#料仓产品检知"                               "1#料仓状态检知"
  ────┤ ├──────────────────────────────────────────( )────
```

其他的料仓状态信号反馈程序均可参考 1 号料仓进行编制。

3. 调用子程序

当"仓储取放料"子程序编制完毕后，即可在"仓储自检"时编制主程序的基础上调用该子程序。需要注意的是，仓储单元的仓储自检功能与取/放料动作不能同时起作用。

综上所述，应在主程序中添加互锁，如下所示：

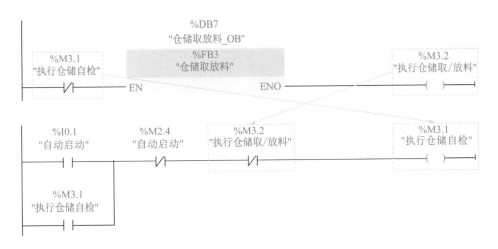

取放轮毂案例流程

5.3.2 Rapid 编程

主程序主要展示机器人从工具库取下工具开始，运动至仓储单元执行 A1 流程以及 A2 流程，然后再运动至工具库放下工具为止。整个过程需要执行单元、仓储单元以及总控单元参与，如图 2–62 所示。

图 2–62　流程所用装备

1. 探知仓储单元状态

由功能划分可以知道，机器人需要对当前的仓储单元状态进行探知。一方面是对已取料仓的记录，另一方面需要找到当前可以取的料仓。

（1）我们可以用一个一维数组（StorageMark{6}）来标记已经被取过的料仓号，如下所示：

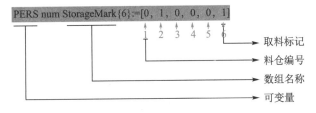

其中，料仓被取过则标记为 1。上示例中，即 2 号料仓、6 号料仓已被取过料。

（2）我们需要为当前可以取的料仓编号，用"可变量"（如 NumStorage）记录，如下所示：

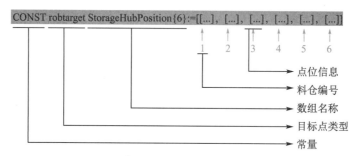

PERS num NumStorage:=0

另一方面我们需要将料仓号与该料仓的点位信息对应起来，因此对于料仓位置我们也可以用一维数组来存储这些信息，如下所示：

CONST robtarget StorageHubPosition{6}:=[[...], [...], [...], [...], [...], [...]]

点位信息
料仓编号
数组名称
目标点类型
常量

2. 编程思路

编程思路如图 2-63 所示。

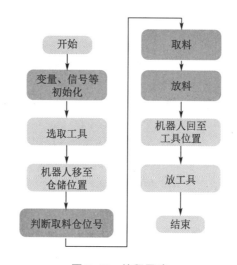

图 2-63　编程思路

其中，被橙色标记的功能需要编制新的 Rapid 程序。其余功能均可参考起步任务 1 中编制的程序。

提示：在程序执行后，某些变量（如仓位标识"StorageMark{6}"）中的数据可能在其他程序段中有调用。为避免数据在初始化时丢失，初始化程序在必要时执行即可。

3. 变量、信号初始化

以下示例中，将料仓推出信号（ToPGroStroageOut）复位为 0，即所有料仓的初始状态均为缩回状态，并通过 WHILE 指令将料仓标记数组全部清零。

此段程序可在起步任务 1 中的初始化程序（Initialize）的基础上编制完成。

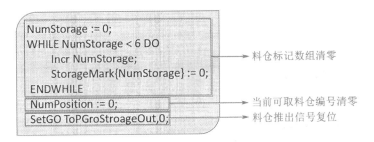

4. 判断取料仓位号

（1）E：任务要求需要按照料仓编号由大到小取料，因此以下示例 E 段程序中，先将可取料仓编号赋值为"6"。

（2）F：从第 6 个仓位开始计数（①），当机器人得知该料仓没有物料（②），或者该料仓已被标记为"已取料仓"时（③），会将当前的料仓号进行减 1 操作（④），转而执行 G 段程序，以此类推。

（3）I：如果②③均不满足，则 F 至 H 段程序均不满足其条件，意为当前料仓符合取料条件。并将该仓位号标记为"已取状态"。

5. 取料

取料逻辑如图 2-64 所示。

对于"弹出可取料的料仓"（⑤），通过对组信号"ToPGroHubNumber"进行赋值即可实现，所赋数值即为判断出的取料仓位号"NumStorage"。

对于判断料仓反馈信号（⑥），需要保证仓位号在 1~6 之间，方可进行下一步动作。

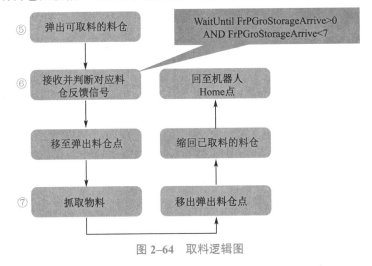

图 2-64 取料逻辑图

6. 放料

放料逻辑与取料逻辑基本相似,如图 2–65 所示。

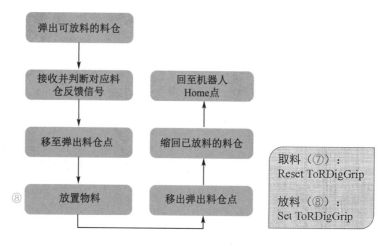

图 2–65 放料逻辑图

放料时,机器人在弹出料仓点位上需要置位抓取信号(ToRDigGrip),这与取料时该信号的状态相反。

5.4 任务评测

任务要求:

1. 工业机器人由仓储单元将轮毂零件取出;

2. 优先取出所在仓位编号较小的轮毂零件;

3. 若此轮毂零件已被取出过,则跳过此仓位;

4. 工业机器人将所持轮毂零件放回仓储单元;

5. 放入的仓位编号为该轮毂零件取出时的仓位编号。

项目 3 工业机器人机床上下料工作站集成

 ## 任务 1 工业机器人机床上下料工作站的组成与连接

1.1 任务描述

工业机器人机床上下料工作站是以工业机器人与数控加工中心为核心，将机械、气动、运动控制有机地进行整合，结构模块化，使数控机床上下料环节取代人工完成工件的自动装卸功能。工业机器人机床上下料工作站主要适用于大批量、重复性强或是工件质量较大的工作，可在高温、粉尘等恶劣工作环境中使用，具有定位精确、生产质量稳定、减轻机床及刀具损耗、工作节拍可调、运行平稳可靠、维修方便等特点。

1.2 知识准备

这一任务中，我们通过使用 CHL–DS–11 型智能制造单元设备组装典型机床上下料工作站，学习典型机器人上下料工作站的基本组成单元，以及机械、电气及气路等连接方式和方法。图 3–1 是完成拼装后的机床上下料工作站。

图 3–1　机床上下料工作站各组成单元

主要准备工作：

在任务开始前应提前准备好本任务各相关功能单元、工具、网线、气管等器材，所需器材清单如表 3-1 所示。

表 3-1　所需器材清单

名称	型号	数量	备注
总控单元	SIMATIC S7-1212C	2	
	具备基于 PROFINET 的远程 I/O 模块	1	
执行单元	ABB IRB 120、SIMATIC S7-1212C	1	
工具单元	7 个不同类型的工具	1	
仓储单元	具备基于 PROFINET 的远程 I/O 模块	1	
加工单元	西门子 828D 型数控系统	1	
打磨单元		1	
连接板		若干	
配套工具	内六角扳手、水口钳、气管剪	1	
网线	5 m、10 m	若干	
气管	6 m	若干	
扎带	5 mm × 300 mm	若干	

1.3　任务实施

1.3.1　工业机器人机床上下料工作站的机械连接

工作站的安装固定方法与项目 2 中搬运工作站安装固定方法相同，这里就不再做详细的讲解。

1.3.2　工业机器人机床上下料工作站的电气连接

外部电源的接入与项目 2 中搬运工作站外部电源的接入方法相同，这里只介绍如何进行加工单元的电气连接。

通过电缆线连接加工单元和配电单元，如图 3-2 所示。

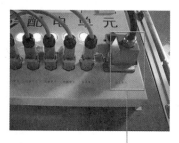

电源接线

图 3-2　加工单元电气连接

通过电缆线连接打磨单元和配电单元，如图 3-3 所示。

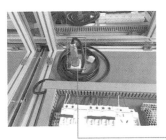

电源接线

图 3-3　打磨单元电气连接

1.3.3　工业机器人机床上下料工作站气路的连接

气源的接入与项目 2 中搬运工作站气源的接入方法相同，这里只介绍如何进行加工单元的气路连接。

用气管连接总控单元工作台面的供气模块阀门开关接头和加工单元的气源接头，如图 3-4 所示。

气路接线

图 3-4　加工单元气路连接

用气管连接总控单元工作台面的供气模块阀门开关接头和打磨单元的气源接头，如图 3-5 所示。

气路接线

图 3-5　打磨单元气路连接

1.3.4　通信线路的连接

用一根网线连接分拣单元台面上的 PN OUT 网口和加工单元远程 I/O 模块上的 PN

IN 接口，用另一根网线连接加工单元 PN OUT 网口和 CNC 网口，如图 3-6 所示。

图 3-6　加工单元通信连接

用一根网线连接仓储单元台面上的 PN OUT 网口和打磨单元远程 I/O 模块上的 PN IN 接口，用另一根网线连接打磨单元远程 I/O 模块上的 PN OUT 接口和分拣单元台面上的 PN IN 接口，如图 3-7 所示。

图 3-7　打磨单元通信连接

1.4　任务评测

任务要求：

1. 将总控单元、执行单元、工具单元、仓储单元、打磨单元、加工单元、分拣单元拼接成机床上下料工作站，完成硬件设备拼接，以及电路、气路和通信线路连接；

2. 硬件连接可靠，设备不会移动；

3. 正确连接电路、气路和通信线路。

任务 2　工业机器人加工单元集成开发

2.1　任务描述

加工单元可对零件表面指定位置进行雕刻加工，是应用平台的功能单元，本任务通过学习建立数控系统编程环境，完成简单的数控加工编程，并进一步实现数控加工的功能。

2.2　知识准备

加工单元由工作台、数控机床、刀库、数控系统、远程 I/O 模块等组件构成，如图 3-8 所示。数控机床为典型三轴铣床结构，采用轻量化设计，可实现小范围高精度加工，加工动作由数控系统控制；数控系统为西门子 SINUMERIK 828D 系统，以实现最佳表面质量和高速、高精加工的和谐统一，并在此基础上使数控系统的使用更加便捷，是与中高档数控机床配套的数控产品。828D 系统集 CNC、PLC、操作界面以及轴控制功能于一体，支持车、铣两种工艺应用，基于 80 位浮点数的纳米计算精度充分保证了控制的精确性。828D 系统提供的图形编程既包括传统的 G 指令，也包括最新的指导性编程，用户可以根据指导一步步

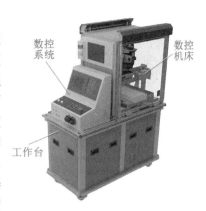

图 3-8　加工单元

按自定义的步骤进行，简单、快捷。此外，它还支持多种编程方式，包括灵活的编程向导，高效的 "ShopMill/ShopTurn" 工步式编程和全套的工艺循环，可以满足从大批量生产到单个工件加工的编程需要，在显著缩短编程时间的同时确保最佳工件精度。刀库采用虚拟化设计，利用屏幕显示模拟换刀动作和当前刀具信息，刀库控制信号由数控系统提供，与真实刀库完全相同；数控系统选用市场占有率高、使用范围广的高性能产品，保证与真实机床完全一致的操作；加工单元的流程控制信号由远程 I/O 模块通过工业以太网传输到总控单元。

2.2.1　数控系统控制简介

数控系统的组成：西门子 828D 型数控系统的主要控制部件，包括 NC 控制单元（PPU）、机床控制面板（MCP）以及 PLC I/O 模块（PP72/48 PN）。其中，PPU 集成了数控系统 PLC，如图 3-9 所示。

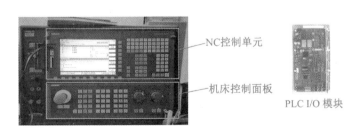

图 3-9　数控系统主要控制部件

1.NC 控制单元

PPU 是整个数控系统的核心，它集 HMI、PC 键盘、CNC、数控系统 PLC 等于一体。PPU 主要实现对机床伺服轴的控制（其中，数控系统 PLC 多用于对除伺服轴外的

辅助设备，如安全门、夹具、工作状态指示灯、冷却液等动作的逻辑控制），CF 卡是控制必需的存储设备，其中保存了固件、用户数据、授权等信息。

根据数控加工工艺不同，PPU 的配置存在差异，如表 3-2 所示。

表 3-2　PPU 的配置差异

PPU 硬件	PPU24x.3 BASIC						PPU290.3/PPU28x.3				
系统 CF 卡	SW 24			SW26			SW28		SW 28 Advance		
	车	铣	磨	车	铣	磨	车	铣	车	铣	磨
标配轴数	3	4	3	3	4	3	3	4	3	4	3
最大支持轴数	5			6+2			8+2	6+2	10+2	8+2	10+2
最大通道数	1			1			1		2	1	2
最大支持 PP72/48	3			4		5	5		5		

（1）PPU 前面板

如图 3-10 所示为 PPU 前面板。

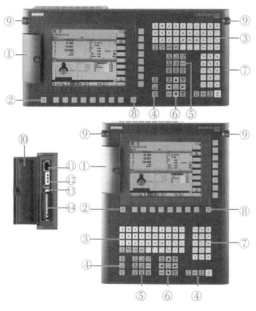

①前盖；②菜单回调键；③字母区；④控制键区；⑤热键区；⑥光标区；⑦数字区；⑧菜单扩展键；
⑨"3/8" 螺孔，安装辅助装置；⑩前盖板；⑪ X127：以太网接口；⑫状态 LED 灯：RDY、NC；
⑬ X125：USB 接口，用于与 MCP 连接通信；⑭ CF 卡。

图 3-10　PPU 前面板

（2）PPU 后面板

如图 3-11 所示为 PPU 后面板。

2. 机床控制面板

MCP 可对机床动作进行直接控制，面板上预留有用户可自定义功能的按键。根据与 PPU 的通信连接方式，MCP 可分为 USB 型和 PN 型。控制面板正面布局图如图 3-12

所示，控制面板背面布局图如图 3–13 所示。

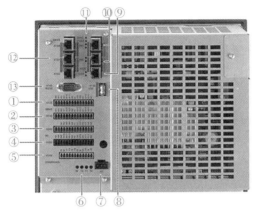

①② X122,X132 数字量输入 / 输出端，用于驱动；③④ X242,X252 NC 的数字量输入 / 输出端；⑤ X143 手轮接口；
⑥ M,T2,T1,T0 测量插口；⑦ X1 电源接口；⑧ X135 USB 接口；⑨ X130 工业以太网 LAN；⑩ PN PLC I/O 接口；
⑪ SYNC,FAULT 状态 LED 灯；⑫ X100,X101,X102 DriveCLIQ 驱动通信接口；⑬ X140 串行接口 RS232。

注：DRIVE–CLiQ 是用于西门子 SINUMERIK、SINAMICS 系统组件之间的通信协议。通过 DRIVE–CLiQ 接口，将控制单
　　元 828D 与 SINAMICS 驱动部件连接在一起。

图 3–11　PPU 后面板

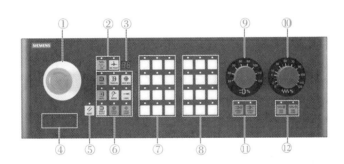

①急停开关；② JOG 和回参考点按键；③两位 7 段数码管显示；④预留按钮开关的安装位置（ d = 16 mm）；
⑤复位；⑥运行方式 / 机床功能 / 程序控制按键；⑦用户自定义键；⑧带快移倍率调整功能的方向键；
⑨主轴修调旋转开关；⑩进给修调旋转开关；⑪主轴控制按键；⑫进给控制按键。

图 3–12　MCP483/ 416 USB 面板正面布局图

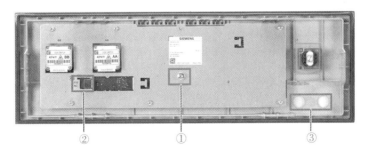

①接地端子；②用于与 PPU 通信的 USB 接口，X10 NC 通过一根 USB 电缆将 MCP 连接到 PPU（X135）上，
USB2.0 接口为机床控制面板供电和通信；③预留按钮开关的安装位置（ d = 16 mm）。

图 3–13　MCP483/ 416 USB 面板背面布局图

3.PLC I/O 模块

PP72/48D PN 是一种基于 PROFINET 网络通信的输入和输出模块，可提供 72 个数字输入和 48 个数字输出，如图 3-14 所示。每个模块拥有三个独立的 50 芯插槽，每个插槽中包括了 24 位数字量输入和 16 位数字量输出。

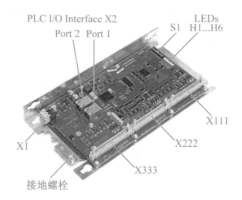

① X1：24VDC 电源 3 芯端子式插头；② X2：PROFINET 接口，Port1 和 Port2 可连接 PPU 的 PN 接口，也可用于串联 I/O 模块；③ X111，X222，X333：50 芯扁平电缆插头，用于数字量输入和输出，具体的端口定义可参考数控系统简明调试手册；④ S1：PROFINET 地址开关，要将 PP72/48D PN 连接到 828D 上，必须先设定 S1 上的 PROFINET 地址开关。

图 3-14　PP72/48D PN 模块图

2.2.2　机床设置与手动功能

1. 手动面板功能介绍

加工单元手动操作主要是通过手动面板进行的，如图 3-15 所示。

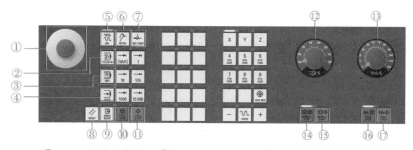

① E-STOP 机床急停按钮；② TEACHIN 示教模式；③ MDA 编程加工模式；
④ AUTO 自动模式；⑤ JOG 点动模式；⑥ 子模式，用于在定位上的再定位，例如刀具补偿，需要在 JOG 模式下操作；
⑦ 子模式，用于控制机床与控制系统的同步，确定机床坐标系的原点，需要在 JOG 模式下操作；
⑧ RESET 复位键，用于复位一些错误和状态；⑨ SINGLE BLOCK 单步执行程序，单步调试程序时使用；
⑩ 循环停止键，用于停止程序运行；⑪ 用于启动程序，或者运行一些功能指令；⑫ 主轴倍率旋钮；
⑬ 进给倍率旋钮；⑭ 主轴伺服停止；⑮ 主轴伺服启动；⑯ 进给伺服停止；⑰ 进给伺服启动。

图 3-15　机床手动面板图

2. 手动操纵机床

（1）首先选择手动 JOG 模式。

（2）打开主轴和进给使能，调节主轴和进给倍率。

（3）选择需要控制的轴及运动的方向，最多可以三轴同时动作。其中 RAPID 按键为手动快速按键，同时按下轴选按键，以手动最快速度移动坐标轴。X、Y、Z分别为坐标系的三个轴，C为第四轴，这里的主轴也算其中一轴，因此，C轴即为机床的主轴。轴选按键上的"+""–"表示轴移动的方向，例如：+X表示向X轴的正方向移动。对于主轴来说，"+""–"则表示正反转，+C表示主轴正转。

（4）除了键盘上的按钮可以控制轴的运动方向外，也可以通过手摇脉冲发生器（简称手轮）来控制轴的运动，基本操作为：②③④组合可以单独移动某个坐标轴进行正反转，②③⑤可以实现相同的功能，最多只能同时移动1个轴。相对MCP操作面板最大的特点是方便机床的对刀操作。手摇脉冲发生器如图3–16所示。

3. T，S，M设置

（1）通过 ⓜ 按钮在手动JOG模式下可以进入T，S，M设置模式，如图3–17所示。

图3–16　手摇脉冲发生器

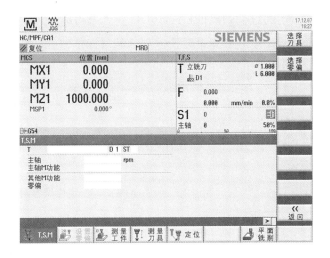

图3–17　T，S，M设置界面图

（2）在T，S，M窗口（图3–18）中，通过选择或者输入参数即可轻松完成加工准备。例如进行刀具更换、主轴转速、主轴旋转方向、激活工件坐标系、加工平面等。

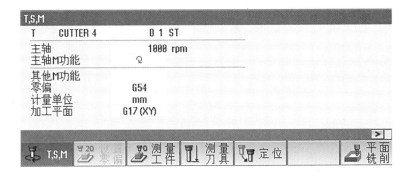

图3–18　T，S，M窗口

（3）按下 ◇ 启动键，可以将T，S，M中的数据载入机床系统中，如图3–19所示。

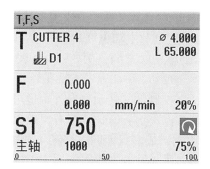

图 3-19 将 T，S，M 中的数据载入机床系统图

4. 快速定位

（1）通过 M 按钮在手动 JOG 模式下可以进入定位设置模式。在定位窗口中，可以设置进给速度 F 和 4 轴要快速到达的目标位置，如图 3-20 所示。

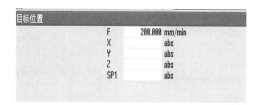

F	进给速度
X	X 坐标
Y	Y 坐标
Z	Z 坐标
SP1	主轴转动角度

图 3-20 定位设置图

（2）在定位窗口中输入下列参数，并按下启动键 CYCLE START，机床快速定位到目标位置，如图 3-21 所示。

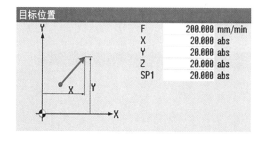

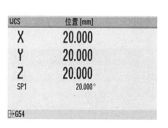

图 3-21 快速定位设置图

5. 设置零偏

（1）调用零偏，需要在 T，S，M 窗口中启用零偏，启动运行后 T，S，M 窗口上方会出现"G54"的字样，表示当前选择零偏为"G54"，如图 3-22 所示。

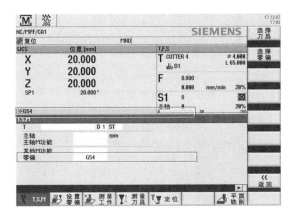

图 3-22　零偏坐标系选择图

（2）进入设置零偏界面，可以将当前机床的位置设定为工件坐标系的原点。一般在设置零偏之前，先通过手动操控，将机床运动到我们所需要的工件零点上再设置零偏，如图 3-23 所示。

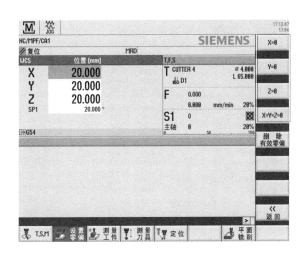

图 3-23　零偏设置图

X=0　X 轴单轴设置零偏；

Y=0　Y 轴单轴设置零偏；

Z=0　Z 轴单轴设置零偏；

X=Y=Z=0　X 轴、Y 轴、Z 轴三轴同时设置零偏。

2.3　任务实施

2.3.1　刀具管理

1. 刀具管理界面

828D 中为了方便操作员对刀具进行管理，标配了机床刀具管理功能，包含"刀具清单""刀具磨损""刀库"三个列表。将刀具的相关信息保存到 NC 系统中，通过内部数据计算完成刀具的补偿、轨迹的偏移、进给速度确定、主轴转数确定等。

（1）在 828D 的 NC 系统中，已经自动为不同的刀具分配了类别以及识别号，具体如表 3–3 所示。

表 3–3　刀具类别及识别号

刀具类型	刀具组
1XY	铣刀
2XY	钻头
3XY	备用
6XY	备用
7XY	专用刀具

（2）按下 OFFSET 进入刀具管理界面，界面中主要有三个选项：刀具清单、刀具磨损、刀库。进入这三个界面，可以对刀具进行管理。刀具清单界面如图 3–24 所示，刀具磨损界面如图 3–25 所示，刀库界面如图 3–26 所示。

刀具表											BUFFER1
位置	类型	刀具名称	ST	D	长度	⌀		N		1	2
		立铣刀	1	1	6.000	1.000		0	↻	☐	☐
1		CUTTER 4	1	1	65.000	4.000		3	↻	☑	☐
2		CUTTER 6	1	1	120.000	6.000		3	↻	☑	☐
3		CUTTER 10	1	1	150.000	10.000		4	↻	☑	☐
4		CUTTER 16	1	1	110.000	16.000		3	↻	☑	☐
5		CUTTER 20	1	1	100.000	20.000		3	↻	☑	☐
6											
7		CUTTER 60	1	1	110.000	60.000		6	↻	☑	☐
8		FACEMILL 63	1	1	120.000	63.000		6	↻	☑	☐
9		CENTERDRILL 12	1	1	120.000	12.000	90.0		↻	☑	☐
10		DRILL 8.5	1	1	120.000	8.500	118.0		↻	☑	☐
11		DRILL 10	1	1	120.000	10.000	118.0		↻	☑	☐
12		PREDRILL 30	1	1	120.000	30.000	180.0		↻	☑	☐
13		DRILL_Tool	1	1	110.000	25.000			↻	☑	☐
14		THREAD CUTTER	1	1	110.000	20.000		1	↻	☑	☐
15		THREADCUTTER M10	1	1	130.000	10.000	1.500		↻	☑	☐
16		立铣刀	2	1	8.000	3.000		0	↻	☐	☐
17											
18											
19											

图 3–24　刀具清单界面

刀具磨损								BUFFER1
位置	类型	刀具名称	ST	D	Δ长度	Δ⌀	TC	D
		立铣刀	1	1	0.000	0.000		☐
1		CUTTER 4	1	1	0.000	0.000		☐
2		CUTTER 6	1	1	0.000	0.000		☐
3		CUTTER 10	1	1	0.000	0.000		☐
4		CUTTER 16	1	1	0.000	0.000		☐
5		CUTTER 20	1	1	0.000	0.000		☐
6								
7		CUTTER 60	1	1	0.000	0.000		☐
8		FACEMILL 63	1	1	0.000	0.000		☐
9		CENTERDRILL 12	1	1	0.000	0.000		☐
10		DRILL 8.5	1	1	0.000	0.000		☐
11		DRILL 10	1	1	0.000	0.000		☐
12		PREDRILL 30	1	1	0.000	0.000		☐
13		DRILL_Tool	1	1	0.000	0.000		☐
14		THREAD CUTTER	1	1	0.000	0.000		☐
15		THREADCUTTER M10	1	1	0.000	0.000		☐
16		立铣刀	2	1	0.000	0.000		☐
17								
18								
19								

图 3–25　刀具磨损界面

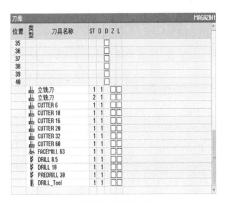

(a)刀库已经装载刀具　　　　　　　　　(b)刀库未装载刀具

图 3-26　刀库界面

2. 刀具清单、刀具磨损和刀库

（1）为了更容易地了解刀具清单界面各项内容的含义，下面我们对刀具清单界面各参数选项进行介绍。

图 3-27 是刀具清单界面各参数选项。

图 3-27　刀具清单界面各参数选项

各参数选项的含义如表 3-4 所示。

表 3-4　刀具清单界面各参数选项含义

位置	当前刀的位置
类型	刀的类型
刀具名称	刀的名字
ST	姐妹刀号
D	刀沿号
长度	刀的长度
ϕ	刀的直径
N	刀的齿数
⊥	主轴旋转方向
1	1 号冷却液
2	2 号冷却液

（2）为了更容易地了解刀具磨损界面各项内容的含义，下面我们对刀具磨损界面各参数选项进行介绍。

图 3-28 是刀具磨损界面各参数选项。

位置	类型	刀具名称	ST	D	Δ长度	Δø	TC
凵	⊿⊿	lixidao	1	1	0.000	0.000	

图 3-28　刀具磨损界面参数选项

各参数选项的含义如表 3-5 所示。

表 3-5　刀具磨损界面参数选项含义

位置	当前刀的位置
类型	刀的类型
刀具名称	刀的名字
ST	姐妹刀号
D	刀沿号
△长度	刀的长度磨损
△ ϕ	刀的直径磨损
TC	刀的监控

（3）为了更容易地了解刀库界面各项内容的含义，下面我们对刀库界面各参数选项进行介绍。

如图 3-29 所示，是刀库界面各参数选项。

位置	类型	刀具名称	ST	D	D	Z	L
凵	⊿⊿	lixidao	1	1	□	□	□

图 3-29　刀库界面各参数选项

各参数选项的含义如表 3-6 所示。

表 3-6　刀库界面参数选项含义

位置	当前刀的位置
类型	刀的类型
刀具名称	刀的名字
ST	姐妹刀号

表 3-6（续）

D	刀沿号
D	禁止刀具
Z	超大刀具
L	刀在固定位置

3. 新建刀具

新建刀具的方法及步骤如表 3-7 所示。

在数控系统中新建刀具

表 3-7　新建刀具的方法及步骤

操作过程示意图	操作步骤说明
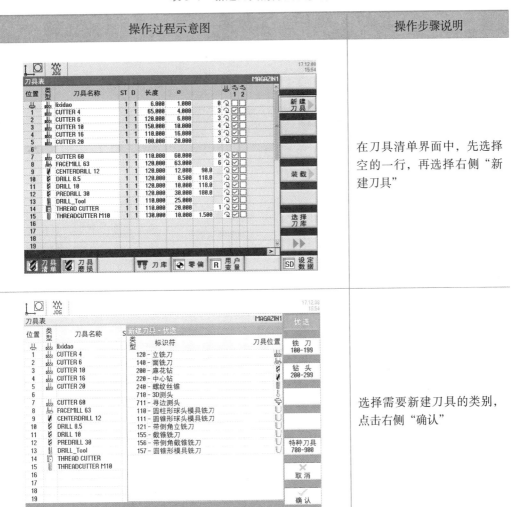	在刀具清单界面中，先选择空的一行，再选择右侧"新建刀具"
	选择需要新建刀具的类别，点击右侧"确认"

表 3-7（续）

操作过程示意图	操作步骤说明
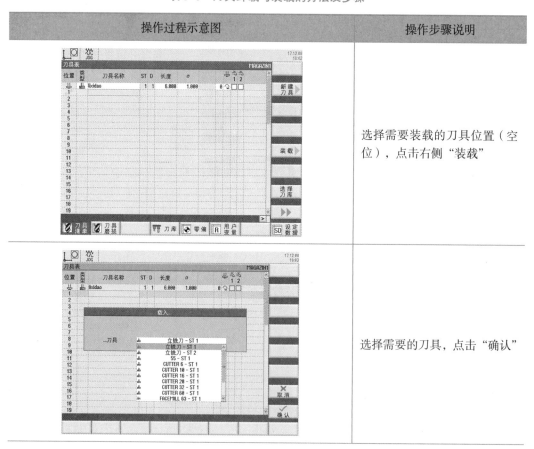	在新建的刀具上填写相关参数

4. 刀具的卸载与装载

刀具卸载与装载的方法及步骤如表 3-8 所示。

表 3-8　刀具卸载与装载的方法及步骤

操作过程示意图	操作步骤说明
	选择需要装载的刀具位置（空位），点击右侧"装载"
	选择需要的刀具，点击"确认"

表 3-8（续）

操作过程示意图	操作步骤说明
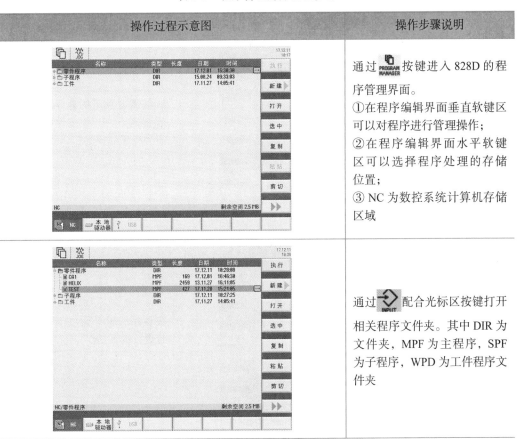	刀具会被装载到选择的位置上，这样就完成了装载操作。卸载刀具的操作同理

2.3.2　828D 数控铣床编程

1. 程序管理

数控程序管理的方法及步骤如表 3-9 所示。

表 3-9　程序管理的方法及步骤

操作过程示意图	操作步骤说明
	通过 [PROGRAM MANAGER] 按键进入 828D 的程序管理界面。 ①在程序编辑界面垂直软键区可以对程序进行管理操作； ②在程序编辑界面水平软键区可以选择程序处理的存储位置； ③ NC 为数控系统计算机存储区域
	通过 [INPUT] 配合光标区按键打开相关程序文件夹。其中 DIR 为文件夹，MPF 为主程序，SPF 为子程序，WPD 为工件程序文件夹

2. 程序新建

数控程序新建的方法及步骤如表 3-10 所示。

表 3-10　程序新建的方法及步骤

操作过程示意图	操作步骤说明
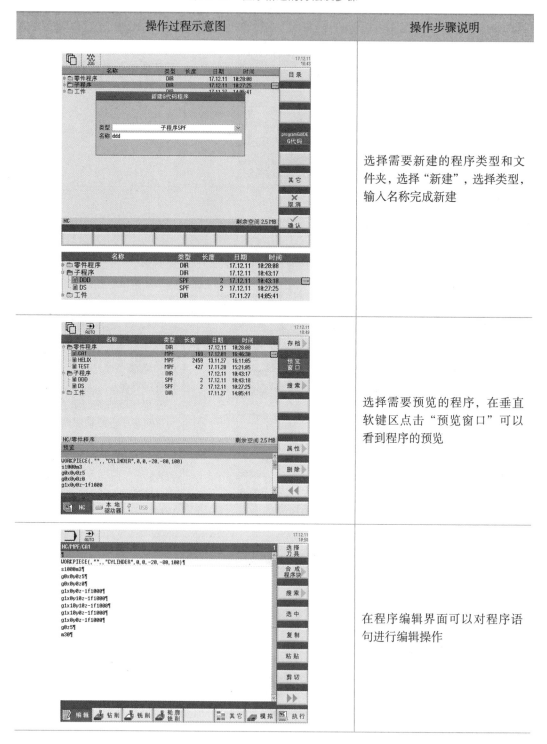	选择需要新建的程序类型和文件夹，选择"新建"，选择类型，输入名称完成新建
	选择需要预览的程序，在垂直软键区点击"预览窗口"可以看到程序的预览
	在程序编辑界面可以对程序语句进行编辑操作

表 3-10（续）

操作过程示意图	操作步骤说明
	可以为建立的程序自动编号，在程序打开界面处，将光标移动至程序开头依次点击，输入首程序号和步距，点击"确认"即可完成间隔相同的自动编号

3. 常用编程指令介绍

（1）M 指令

使用 M 指令可以在机床上控制一些开关操作，比如"切削液开/关"和其他机床功能。常用的 M 指令及含义如下：

M00　程序停止；

M01　选择停止；

M02　主程序结束，复位到程序开始；

M03　主轴顺时针转；

M04　主轴逆时针转；

M05　主轴停止；

M06　刀具更换；

M17　子程序结束；

M30　程序结束（同 M02）。

（2）换刀指令

①在链式、盘式和平面刀库中，换刀过程一般分为两步：

a. 使用 T 指令在刀库中查找刀具；

b. 接着使用 M 指令将刀具换入主轴。

②编程格式：

a. 刀具选择形式可以为 T=< 刀位 > 或者 T=< 名称 >；

b. 换刀；

c. 取消选择刀具 T0。

③例如：

T="立铣刀 12" M6

按照用户的编程习惯，也可以使用数字作为刀具名称（如"3"），换刀指令也可以表示为：T3 M6。即将刀具名称为"3"的刀具换到主轴上，等同于指令 T="3" M6。

（3）定义工作平面指令

NC 程序一般指定加工平面所在的平面。每两个坐标轴就可以确定一个工作平面。根据垂直于这个加工平面的第三轴确定刀具的进给方向。在铣床工作系统中，一般选用 XY 平面作为铣削加工的加工平面，如图 3-30 所示。

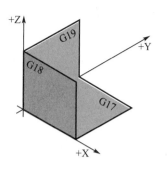

平面	指令	刀具轴
XY	G17	Z
ZX	G18	Y
YZ	G19	X

图 3-30　定义工作平面

（4）主轴转速 S 指令

设定主轴转速和旋转方向使主轴旋转，它是切削加工的前提条件。对于主轴，S 指令是控制主轴的转速（r/min）。

例如：N10 S300 M03；主轴转速 300 r/min，顺时针旋转。

（5）进给率指令 (G93，G94，G95，F)

使用进给率 F 指令可以为所有参与加工工序的轴设置进给率。指令：G93、G94、G95、F…。

G93：反比时间进给率，1/min。

G94：线性进给率，mm/min，in/min 或者（°）/min。

G95：旋转进给率，mm/r 或 in/r，以主轴转速为基准。

F…：参与运动的几何轴的进给速度，G93/G94/G95 设置的单位有效。

例如：G94 G1 Z6 F400；进给速度为 400 mm/min 在 Z 方向以直线插补模式运动 6 mm。

（6）直接坐标系绝对尺寸编程指令

调用绝对坐标尺寸编程是指以当前有效坐标系（如工件坐标系）的零点作为加工尺寸的基准。即对刀具应当运行到的绝对位置进行编程。

G90：用于激活模态有效绝对尺寸的指令。

（7）直接坐标系相对尺寸编程指令

调用增量值坐标尺寸编程是指编程的尺寸总是参照上一个运动到的点的坐标值。即增量尺寸编程用于说明刀具运行了多少距离。

G91：用于激活模态有效增量尺寸的指令。

（8）刀具半径补偿指令

①指令功能

数控机床在加工过程中所控制的是刀具中心的轨迹，用户总是按零件轮廓编制加工程序，在进行内轮廓加工时，刀具中心必须向零件的内侧偏移一个刀具半径值；在进行外轮廓加工时，刀具中心必须向零件的外侧偏移一个刀具半径值，如图 3-31 所示。这种按零件轮廓编制的程序和预先设定的偏置参数，让数控装置能实时自动生成刀具中心轨迹的功能称为刀具半径补偿功能。在图 3-31 中，实线为所需加工的零件轮廓，虚线为刀具中心轨迹。根据 ISO 标准，当刀具中心轨迹在编程轨迹（零件轮廓）前进方向的右边时，称为右刀补，用 G42 指令实现；反之称为左刀补，用 G41 指令实现。

②编程格式

G0/G1 G41/42 X… Y… Z…

…

G40 X… Y… Z…

③指令参数说明

G41：激活刀具半径补偿，沿着加工方向看，刀具在工件轮廓左侧。

G42：激活刀具半径补偿，沿着加工方向看，刀具在工件轮廓右侧。

G40：取消刀具半径补偿。

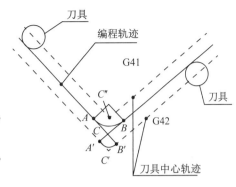

图 3-31　左右补刀路径

（9）可设定的零点偏移指令

通过可设定的零点偏移（G54…G57，G505…G599）可以在所有轴上依据基准坐标系的零点设置工件零点，如图 3-32 所示。这样可以通过 G 指令在不同的程序之间（例如不同的夹具）调用零点。

G54…G57，G505…G599：激活可设定的零点偏移。

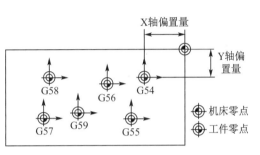

图 3-32　零点偏移

G53：关闭可设定的零点偏移。

其中：

G54…G57，调用第 1 到第 4 个可设定的零点偏移；

G505…G599，调用第 5 到第 99 个可设定的零点偏移；

G53，取消可设定零点偏移和可编程零点偏移。

例如：

G54 G0 G90 X0 Y0：调用零偏 G54，快速移动到当前坐标零点。

（10）快速运行 G0

①指令功能

快速运行用于刀具的快速定位、工件绕行、接近换刀点和退刀点等空成运行。使用 RTLIOF 来激活非线性插补，而使用 RTLION 来激活线性插补。

②编程格式

G0 X…Y…Z…	G0	激活快速运行的指令，模态有效
	X…Y…Z…	以直角坐标系给定的终点
G0 AP=…	AP=…	以极坐标给定的终点，指令极角
G0 RP=…	RP=…	以极坐标给定的终点，指令半径
RTLION	RTLION	线性插补运行
RTLIOF	RTLIOF	非线性插补运行

（11）线性插补 G1

①指令功能

使用 G1 可以让刀具在与轴平行、倾斜的空间内任意摆放的直线方向运动。可以用线性插补功能加工 3D 平面。

②编程格式

G1 X···Y···Z···F	G1	线性插补（带进给率的线性插补）
	X···Y···Z···	以直角坐标给定的终点
G1 AP=···RP=···F···	AP=···	以极坐标给定的终点，指令极角
	RP=···	以极坐标给定的终点，指令半径
	F···	单位为（mm/min）进给速度，刀具以这个速率从当前位置向编程终点位置直线运行

G1 加工工件时必须给出进给速度、主轴转速 S 和主轴旋转方向 M3/M4。

③举例

N10 G17 S400 M3 ;	选择工作平面，主轴顺时针旋转
N20 G0 X20 Y20 Z2 ;	定位到起始位置
N30 G1 Z–2 F40 ;	进刀
N40 X80 Y80 Z–15 ;	沿倾斜方向的直线运行
N50 G0 Z100 M30 ;	退刀

（12）圆弧插补（G2/G3，X···Y···Z···I···J···K···）

①指令功能

圆弧插补允许对整圆或者圆弧进行加工。G2 为顺时针方向旋转，G3 为逆时针方向旋转。

②编程格式

G2/G3 X···Y···Z···I···J···K···；

其中：X···Y···Z···	终点绝对坐标
I···J···K···	圆心相对圆弧起点的偏移量

G2/G3 X···Y···Z···I=AC(···) J=AC(···) K=AC(···)；

其中：X···Y···Z···	终点绝对坐标
I=AC(···) J=AC(···) K=AC(···)	圆心绝对坐标

③举例

加工如图 3–33 所示的圆弧轨迹。

N10 G0 G90 X133 Y44.48 S800 M3 ;	运行到起点
N20 G1 Z–2 F200 ;	进刀
N30 G2 X115 Y113.3 I–43 J25.52 F400;	用绝对尺寸表示的圆弧终点，用增量尺寸表示圆心
N30 G2 X115 Y113.3 I=AC(90)J=AC(70)F500;	用绝对尺寸表示的圆弧终点，圆心

（13）暂停时间指令 G4

①指令功能

使用 G4 可以在两个程序之间设定一个"暂停时间"，在此时间内工件加工中断。G4 指令会中断连续路径运行，该指令在程序段有效。

②编程格式

G4 F··· ;	在地址 F 下设定暂停时间，单位为 s

G4 S…;	在地址 S 下设定暂停时间，单位为 r（主轴转数）

③举例

N10 G1 F200 Z–5 S300 M3；	进给率 F 和主轴转速 S
N20 G4 F3；	暂停时间 3 s
N30 X40 Y10；	
N40 G4 S30；	主轴停留 30 转的时间（相应的在 S=300 r/min 且转速倍率为 100% 时，停留时间 t=0.1 min）

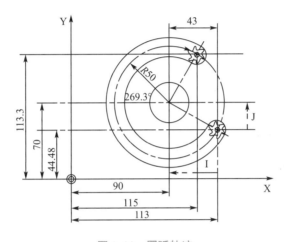

图 3–33　圆弧轨迹

4. 子程序

（1）概述

在零件程序分为"主程序"和"子程序"时，就出现了"子程序"的概念。

子程序指由主程序调用的零件程序。在目前的 SINUMERIK NC 语言中，这种固定的划分已不存在，原则上每一个零件程序既可以作为主程序启动，也可以作为子程序由另一个程序调用。因此，子程序现在指可以被调用的程序，其扩展名为 _SPF。

（2）子程序的调用方法

名称为"SUB_PROG"的子程序可以通过以下调用方法启动：

①直接调用子程序名称，例如 SUB_PROG；

②通过加前缀名"_N_"，例如 _N_SUB_PROG；

③通过加扩展名"_SPF"，例如 SUB_PROG_SPF；

④通过同时加前缀名和扩展名，例如 _N_SUB_PROG_SPF。

如果主程序（.MPF）和子程序（.SPF）的名称相同，在零件程序中使用程序名时，必须给出相应的扩展名，以明确区分程序。

（3）建立子程序

子程序分为带参数的例行程序与不带参数的例行程序两种。在建立不带参数的例行程序时可以省略程序头的定义行。

①编程格式

PROC<程序名称>   PROC 定义子程序的指令

…

②编程示例

主程序

PROC MAIN_PROGRAM；   程序开始

…

N50 SUB_PROG；   调用子程序

N60…

…

子程序

PROC SUB_PROG；   定义行

N10 G01 G90 G64 F1000

N20 X10 Y20

…

N100 RET；   子程序返回

2.4 任务评测

任务要求：

1. 将加工圆片装在轮毂上，装入加工单元的加工位置，并手动夹紧工件；

2. 按照加工圆片的圆心设定好 G54 的零偏；

3. 在加工圆片上铣出一个直径 26 mm 的圆。

任务 3   工业机器人打磨单元集成开发

3.1 任务描述

轮毂取放
及打磨

打磨单元是对零件表面进行打磨的工具，是应用平台的功能单元。本任务通过学习打磨单元翻转轮毂的工艺流程，进行 PLC 编程，实现打磨单元的翻转功能（轮毂零件在打磨工位和旋转工位间的翻转）。

3.2 知识准备

打磨单元由工作台、打磨工位、旋转工位、翻转工装、吹屑工位、防护罩、远程 I/O 模块等组件构成，打磨工位可准确定位零件并稳定夹持，是实现打磨加工的主要工位，如图 3-34 所示；旋转工位可在准确固定零件的同时带动零件实现

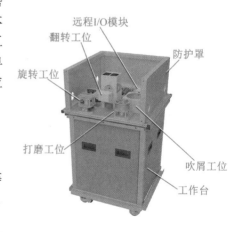

图 3-34 打磨单元

沿其轴线 180° 旋转，方便切换打磨加工区域；翻转工位在无执行单元的参与下，实现零件在打磨工位和旋转工位的转移，并完成零件的翻面；吹屑工位可以实现在零件完成打磨工序后吹除碎屑功能；打磨单元所有气缸动作和传感器信号均由远程 I/O 模块通过工业以太网传输到总控单元。

3.3　任务实施

3.3.1　机器人与 PLC 的通信

打磨单元所有硬件都是通过 PLC 控制动作的，机器人与 PLC 通过互相发送数字信号来完成交流通信。此处可将机器人当作上位机，PLC 当作下位机，由机器人发出命令，PLC 执行动作并向机器人反馈动作结果。

如下面程序所示，机器人组输出信号 ToPGroData 向 PLC 发送数字"20"，PLC 即执行夹爪移至打磨工位一侧动作。

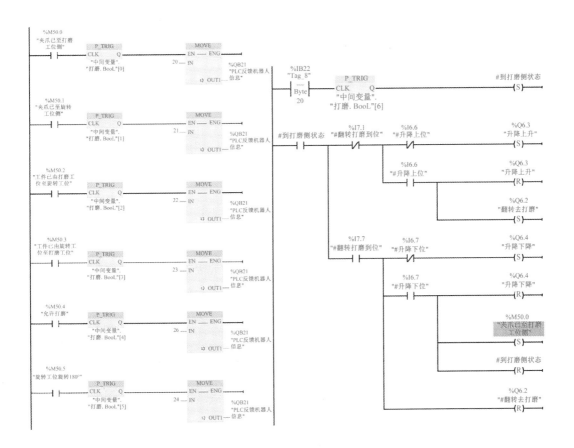

PLC 向机器人组输入信号 FrPGroData 发送数字，来反馈打磨单元各硬件的当前状态。

3.3.2 翻转工装硬件组成

翻转工装由升降气缸、旋转气缸和夹爪三部分组成。其中升降气缸用于改变夹爪的高度，旋转气缸可以实现反转动作，夹爪用于夹紧轮毂零件，如图 3-35 所示。

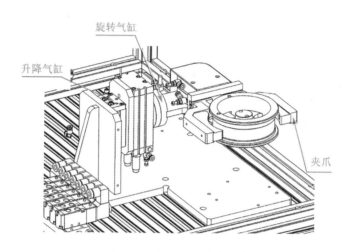

图 3-35　翻转工装硬件组成

3.3.3 翻转工装的使用规则

翻转工装可以将轮毂零件从打磨工位 / 旋转工位的一侧挪移到另一侧，并同时将轮毂零件的正反面翻转。根据前面介绍的翻转工装硬件，翻转工装功能的实现需要遵循以下规则。

1. 机器人对打磨工位 / 旋转工位中的某一侧进行操作时（轮毂的取放或打磨），翻转工装夹爪必须位于另一侧。

2. 夹爪取放轮毂零件时，升降气缸处于下限位；夹爪翻转时，升降气缸处于上限位。

3. 由于在硬件选用上，升降气缸、旋转气缸均连接双向电磁阀，故需两个输出端口和输出变量来控制气缸动作。例如，控制升降气缸上升时，需要复位升降气缸下降信号，并置位升降气缸上升信号。

3.3.4 PLC 编程

1. 翻转工装可实现的动作

翻转工装完全由 PLC 控制，可实现的动作过程总共有四个：

（1）翻转工装气动夹爪翻转至打磨工位（空载）；

（2）翻转工装气动夹爪翻转至旋转工位（空载）；

（3）将零件从打磨工位搬运至旋转工位；

（4）将零件从旋转工位搬运至打磨工位。

2.PLC 样例程序

（1）翻转工装气动夹爪翻转至打磨工位（空载）

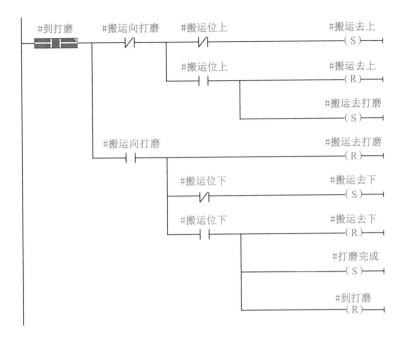

（2）翻转工装气动夹爪翻转至旋转工位（空载）

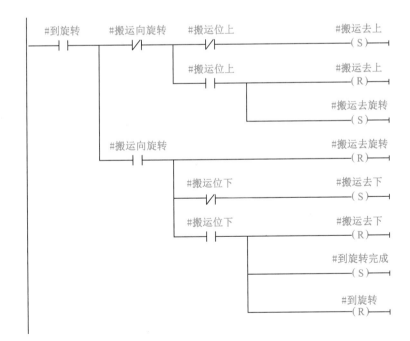

（3）将零件从打磨工位搬运至旋转工位

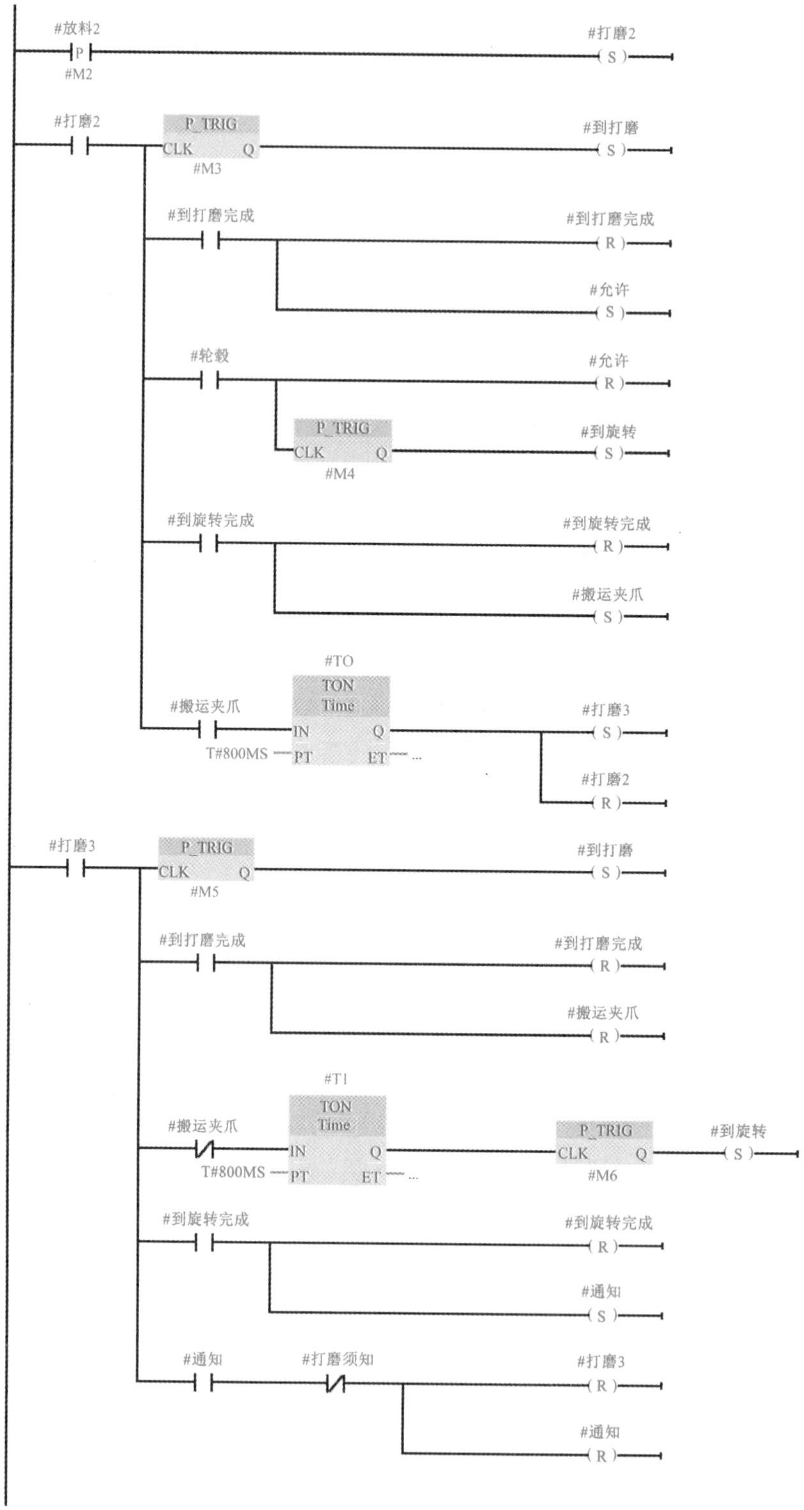

（4）将零件从旋转工位搬运至打磨工位

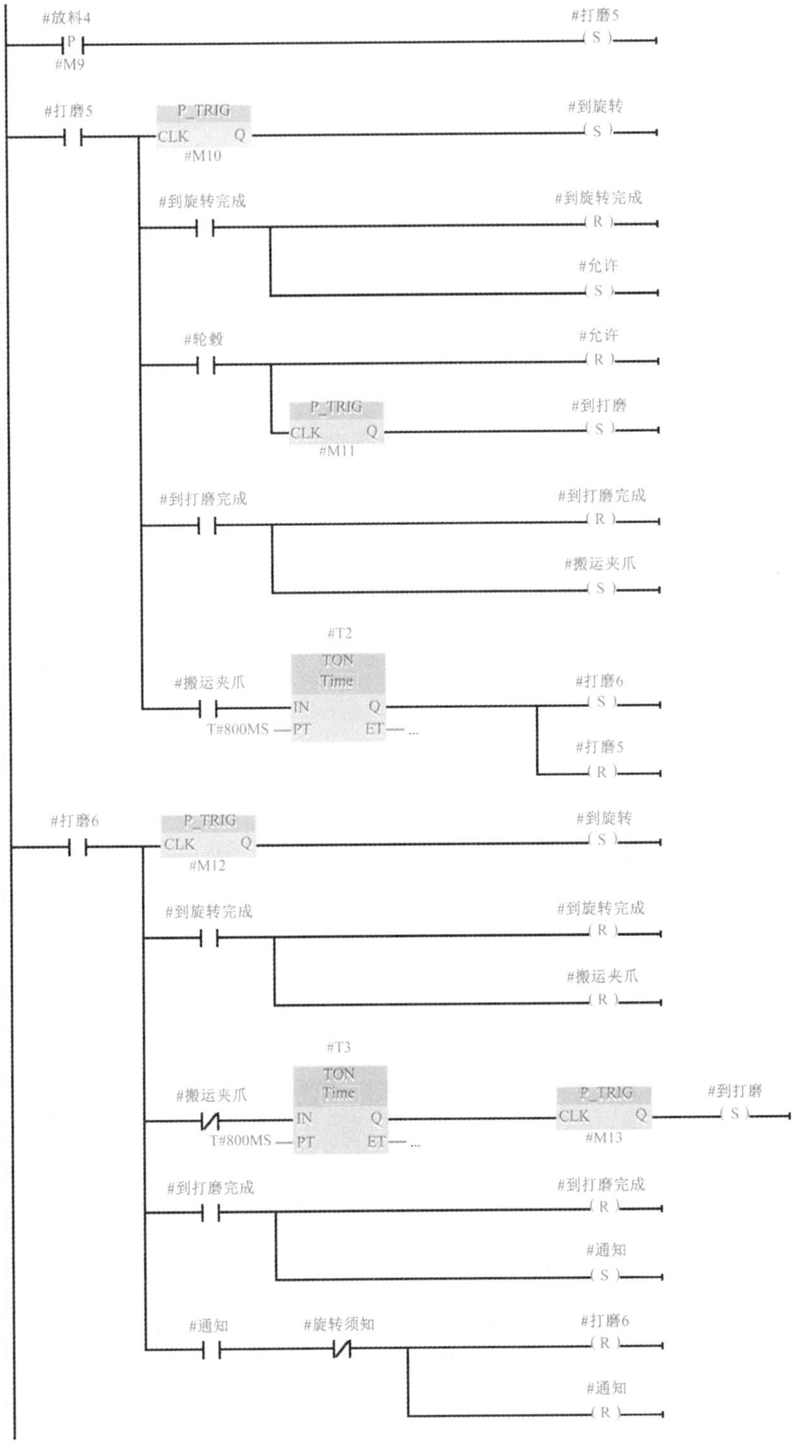

3.4　任务评测

任务要求：

1. 对总控单元的 PLC 进行编程，实现翻转工装的功能；
2. 轮毂零件在打磨工位和旋转工位间翻转。

 任务 4　工业机器人机床上下料工作站 集成应用实训

4.1　任务描述

本次实训工作任务内容如下：

1. 工业机器人将轮毂零件从仓储单元取出；
2. 放置到加工单元中加工定制的车标如图 3–36 所示，加工工艺要求如表 3–11 所示；

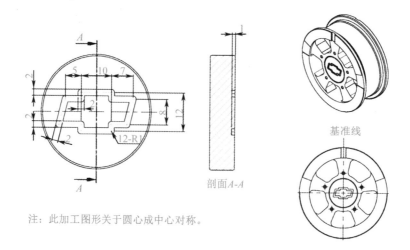

注：此加工图形关于圆心成中心对称。

图 3–36　车标加工图

表 3–11　数控加工工艺表

工步	工步内容	刀具		主轴转速 /（r/min）	进给速度 /（mm/min）	切削深度 /mm
		类型	刀刃直径 /mm			
1	粗铣	双刃螺旋铣刀	$\phi 2$	3 000	200	0.5
2	精铣	球头铣刀	$\phi 2$	3 500	100	0.5

3. 机器人从加工单元中取出轮毂零件到打磨单元进行吹屑；

4. 工业机器人将轮毂零件放置到打磨单元进行翻面打磨；

5. 放入的仓位编号为该轮毂零件取出时的仓位编号。

4.2 任务实施

4.2.1 数控加工程序编程

1. 加工流程分析

（1）工艺流程分析

根据工艺流程要求，工艺过程分为精加工和粗加工两道工序。一般粗加工切削速度慢、进给量和吃刀量大，尺寸精度低、表面质量低；精加工去除材料少，切削速度快、进给量和吃刀量小，保证最终尺寸精度、表面质量，因此在编程时要根据不同的工序选择不同的刀具和编程工艺参数。

（2）根据工艺流程选用编程指令参数

① 粗加工阶段的编程

a. 选择粗加工刀具。

b. 主轴顺时针旋转，转速 3 000 r/min。

c. 进给以 200 mm/min 移动，下刀入料 0.5 mm。

② 精加工阶段的编程

a. 选择精加工刀具。

b. 主轴顺时针旋转，转速 3 500 r/min。

c. 进给以 100 mm/min 移动，下刀入料 1 mm。

2. 程序的整体流程分析

程序的整体流程如图 3–37 所示。

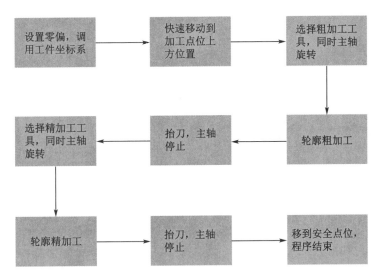

图 3–37　程序整体流程图

4.2.2 吹屑

1. 任务要求

（1）工业机器人将轮毂零件放置到吹屑工位内部，轮毂零件完全进入吹屑工位内，夹爪不松开。

（2）吹屑 2 s，同时使轮毂零件在吹屑工位内平转 ±90°，确保碎屑完全吹除。

（3）工业机器人将轮毂零件从吹屑工位内取出。

2. 动作流程（图 3-38）

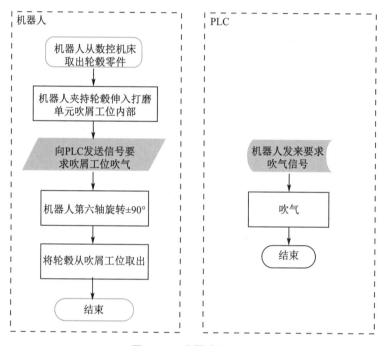

图 3-38　吹屑动作流程

3. 编程要点

（1）参与完成任务的有执行单元、打磨单元和总控单元。

（2）为完成吹屑工作，需机器人抓持着轮毂零件伸入吹屑工位内部。故整个流程机器人始终抓持着轮毂，无须更换末端工具。

（3）整个流程中 PLC 只用到了一个输出信号控制吹屑工位吹气。

（4）轮毂零件在吹屑工位内平转 ±90° 的动作，只需绕机器人末端夹爪工具 Z 轴旋转即可完成。

（5）绕末端工具 Z 轴旋转的动作可通过函数 RelTool 完成。

4. 函数 RelTool

RelTool（Relative Tool）用于将通过有效工具坐标系表达的位移和旋转增加至机械臂位置。其返回值为 robtarget 类型数据，用来记录一个位移和一次旋转的新位置。

例：

MoveL RelTool (p1, 0, 0, 100), v100, fine, tool1;

表示沿工具的 Z 轴方向，将机械臂移动至距 p1 点 100 mm 的一处位置。

MoveL RelTool (p1, 0, 0, 0 \Rz：= 25), v100, fine, tool1;

表示将工具围绕其 Z 轴旋转 25°。

4.3　任务评测

任务要求：

1. 工业机器人将轮毂零件从仓储单元取出；

2. 将轮毂零件放置到加工单元中加工定制的车标，如图 3–39 所示，加工工艺要求如表 3–12 所示；

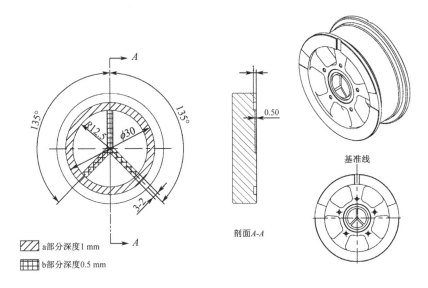

图 3–39　车标加工图

表 3–12　数控加工工艺表

工步	工步内容	刀具		主轴转速 / (r/min)	进给速度 / (mm/min)	切削深度 /mm
		类型	刀刃直径 /mm			
1	粗铣 a 区域	双刃螺旋铣刀	$\phi 2$	3 000	400	0.5
2	精铣 a 区域	球头铣刀	$\phi 2$	3 500	200	0.5
3	粗铣 b 区域	单刃螺旋铣刀	$\phi 2$	3 000	400	0.3
4	精铣 b 区域	球头铣刀	$\phi 2$	3 500	200	0.2

3. 机器人从加工单元中取出轮毂零件到打磨单元进行吹屑；

4. 机器人将轮毂零件放置到打磨单元进行翻面打磨；

5. 放入的仓位编号为该轮毂零件取出时的仓位编号。

项目 4 工业机器人检测分拣工作站集成

 任务 1 工业机器人检测分拣工作站的组成与连接

1.1 任务描述

工业机器人检测分拣工作站是基于机器视觉进行物料分拣的工作过程，充分展现机器视觉技术应用在工业分拣工作中所带来的高质量、高速率、智能化的优势。本任务学习如何完成工业机器人典型视觉检测及分拣工作站的组成与连接。

1.2 知识准备

这一任务中，我们通过使用 CHL–DS–11 型智能制造单元设备组装典型检测分拣工作站，学习典型机器人视觉检测及分拣工作站的基本组成单元，机械、电气及气路等连接方式和方法。图 4–1 是完成拼装后的工作站。

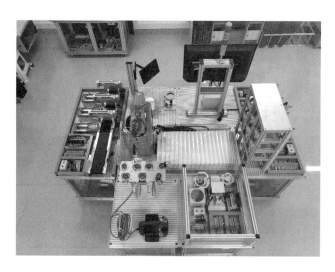

图 4–1 检测分拣工作站各组成单元

主要准备工作:

在任务开始前应提前准备好本任务各相关功能单元、工具、网线、气管等器材,所需器材清单如表 4-1 所示。

表 4-1　所需器材清单

名称	型号	数量	备注
总控单元	SIMATIC S7-1212C	2	
	具备基于 PROFINET 的远程 I/O 模块	1	
执行单元	ABB IRB 120、SIMATIC S7-1212C	1	
工具单元	7 个不同类型的工具	1	
仓储单元	具备基于 PROFINET 的远程 I/O 模块	1	
检测单元		1	
打磨单元		1	
分拣单元		1	
连接板		若干	
配套工具	内六角扳手、水口钳、气管剪	1	
网线	5 m、10 m	若干	
气管	6 m	若干	
扎带	5 mm×300 mm	若干	

1.3　任务实施

1.3.1　工业机器人检测分拣工作站的机械连接

工作站的安装固定方法与项目 2 中搬运工作站安装固定方法相同,这里就不再做详细的讲解。

1.3.2　工业机器人检测分拣工作站的电气连接

外部电源的接入与项目 2 中搬运工作站外部电源的接入方法相同,这里只介绍如何进行加工单元的电气连接。

通过电缆线连接检测单元与配电单元,如 4-2 所示。

通过电缆线连接分拣单元与配电单元,如 4-3 所示。

检测单元的
拼接及接线

1.3.3　工业机器人机床上下料工作站气路的连接

气源的接入与项目 2 中搬运工作站气源的接入方法相同,这里只介绍如何进行分拣单元的气路连接。

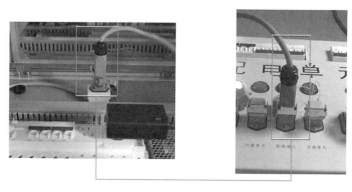

检测单元　　　　　　　　　　　　配电单元

图 4-2　检测单元电气连接

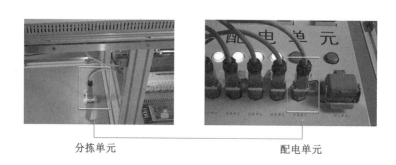

分拣单元　　　　　　　　　　　　配电单元

图 4-3　分拣单元电气连接

用气管连接总控单元工作台面的供气模块阀门开关接头和分拣单元的气源接头，如图 4-4 所示。

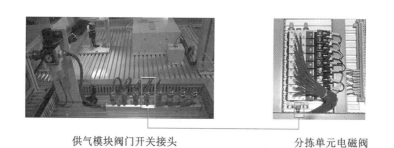

供气模块阀门开关接头　　　　　　分拣单元电磁阀

图 4-4　分拣单元气路连接

1.3.4　通信线路的连接

使用网线连接打磨单元远程 I/O 模块 PN OUT 网口和分拣单元远程 I/O 模块 PN IN 网口，如图 4-5 所示。

打磨单元远程I/O模块　　　　　分拣单元远程I/O模块

图 4-5　分拣单元通信连接

用一根网线连接执行单元台面上的通信网口和检测单元上的 EN 端口，如图 4-6 所示。

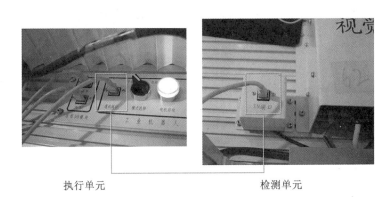

执行单元　　　　　　　　　检测单元

图 4-6　检测单元通信连接

1.4　任务评测

任务要求：

1. 将总控单元、执行单元、工具单元、仓储单元、打磨单元、检测单元、分拣单元拼接成工业机器人检测分拣工作站，完成硬件设备拼接，以及电路、气路和通信线路连接；

2. 硬件连接可靠，设备不会移动；

3. 正确连接电路、气路和通信线路。

任务 2　工业机器人检测单元集成开发

2.1　任务描述

检测单元可根据不同需求完成对零件的检测、识别，是应用平台的功能单元。本任务通过学习视觉检测的软件、硬件知识，完成检测单元的配置，并进一步实现对轮毂的颜色、二维码检测的功能。

2.2　知识准备

2.2.1　视觉系统硬件介绍

1. 视觉系统的组成

视觉系统由视觉控制器和视觉相机、镜头、连接电缆以及外部辅助设备组成。如图4-7所示。

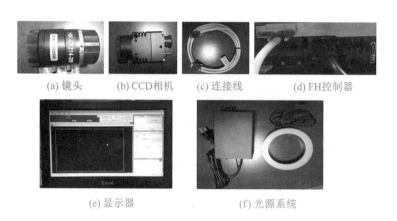

(a) 镜头　　　(b) CCD相机　　　(c) 连接线　　　(d) FH控制器

(e) 显示器　　　　　　　(f) 光源系统

图 4-7　视觉系统硬件组成

（1）图像采集单元

在智能相机中，图像采集单元相当于普通意义上的 CCD/CMOS 相机和图像采集卡，它将光学图像转换为模拟 / 数字图像，并输出至图像处理单元。

（2）图像处理单元

图像处理单元类似于图像采集 / 处理卡，它可对图像采集单元的图像数据进行实时的存储，并在图像处理软件的支持下进行图像处理。

（3）图像处理软件

图像处理软件主要在图像处理单元硬件环境的支持下，完成图像处理功能，如几何边缘的提取、Blob、灰度直方图、OCV/OVR、简单的定位和搜索等。在智能相机中，以上算法都封装成固定的模块，用户可直接应用而无须编程。

（4）网络通信设置

网络通信装置是智能相机的重要组成部分，主要完成控制信息、图像数据的通信任务。智能相机一般均内置以太网通信装置，并支持多种标准网络和总线协议，从而使多台智能相机构成更大的机器视觉系统。

2. 镜头的光圈与焦距调整

当硬件连接完毕，开启视觉系统，进入"图像输入 FH"处理项目，观察视觉成像是否清晰：

当成像黑暗则松开 2 号螺丝，旋转镜头构件，使图像明亮；

视觉检测成像调节　　当成像模糊则松开 1 号螺丝，旋转镜头构件，使显示图像清晰，如图 4-8 所示。

3. 光源系统功能调试

本工作站检测模块采用环形光源，如图 4-9 所示。环形光源通过 LED 阵列成圆锥状以斜角照射在被测物体表面，通过漫反射方式照亮一小片区域。工作距离在10 ~ 15 mm 时，环形光源可以突出显示被测物体边缘和高度的变化，突出原本难以看清的部分，是边缘检测、金属表面刻字和损伤检测的理想选择。

图 4-8　镜头的光圈与焦距调整　　　　图 4-9　环形光源

（1）应用场合有：

①检测 IC 芯片上的印刷字符；

②检测电路板上的元件；

③检测标签；

④检测液晶玻璃基板的标记；

⑤检测板装药缺片和颗粒破损；

⑥检测轴承表面损伤。

（2）光源系统的使用调试方法如下（图 4-10）：

①连接电源线和光源输出线；

②接通电源；

③打开电源开关；

④通过旋转变位器来调整光源的光亮程度。

（a）　　　　　　　　　　（b）

图 4-10　光源系统的使用调试方法

2.2.2　视觉系统软件介绍

视觉系统操作界面如图 4–11 所示。

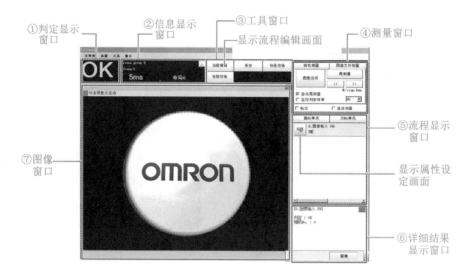

图 4–11　视觉系统操作界面

1. 判定显示窗口

（1）综合判定结果：显示场景的综合判定（[OK]/[NG]）。

（2）场景整体的综合判定结果：综合判定显示的处理单元群中如果任一判定结果为 NG，则显示为 NG。

2. 信息显示窗口

（1）布局：显示当前的布局编号。

（2）处理时间：显示测量处理所用的时间。

（3）场景组名称、场景名称：显示当前的场景组编号、场景编号。

3. 工具窗口

（1）流程编辑：启动用于设定测量流程的流程编辑画面。

（2）保存：将设定数据保存到控制器的闪存中。变更任意设定后，请务必点击此按钮，保存设定。

（3）场景切换：切换场景组或场景。可以使用 128 个场景 ×32 个场景组 =4 096 个场景。

（4）布局切换：切换布局编号。

4. 测量窗口

（1）相机测量：对相机图像进行试测量。

（2）图像文件测量：测量并保存图像。

（3）输出：要将调整画面中的试测量结果输出到外部时，勾选该选项。不输出到外部，仅进行传感器控制器单独试测量时，取消该项目的勾选。

这个设定菜单用于在显示主画面时，临时变更设定。切换场景或布局后，将不保存测量窗口中"输出"的设定内容，而是应用布局中"输出"的设定内容。请根据具体用途使用。

（4）连续测量：希望在调整画面中连续进行试测量时，勾选该选项。勾选"连续测量"并点击"测量"后，将连续重复执行测量。

5. 流程显示窗口

将显示测量处理的内容（测量流程中设定的内容）。点击各处理项目的图标，将显示处理项目的参数等要设定的属性画面。

6. 详细结果显示窗口

将显示试测量结果。

7. 图像窗口

显示已测量的图像。同时，将显示选中的处理单元名或"与流程显示连动"。点击处理单元名的左侧，可显示图像窗口的属性画面。

2.3 任务实施

2.3.1 视觉系统通信设置

视觉系统通信设置如表4–2所示。

视觉检测系统
通信设置

表4–2 视觉系统通信设置方法及步骤

操作过程示意图	操作步骤说明
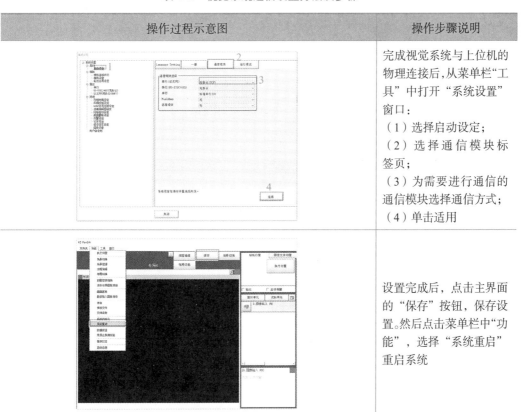	完成视觉系统与上位机的物理连接后，从菜单栏"工具"中打开"系统设置"窗口： （1）选择启动设定； （2）选择通信模块标签页； （3）为需要进行通信的通信模块选择通信方式； （4）单击适用
	设置完成后，点击主界面的"保存"按钮，保存设置。然后点击菜单栏中"功能"，选择"系统重启"重启系统

表 4–2（续 1）

操作过程示意图	操作步骤说明
	重新启动后，在系统设置窗口的以太网通信设置中，可以修改或设定视觉系统的 IP 地址

命令格式	功能	响应格式
SGO	切换所使用的场景组编号	OK
SO	切换所使用的场景编号	OK
M	执行一次测量	OK+ 测量结果

在通信过程中，视觉控制系统作为机器人或 PLC 的下位机，需要接收上位机发来的控制指令。能够使用到的控制指令有三种：选择场景组、选择场景和执行测量。OMRONFH 系列视觉控制器默认的系统通信代码如左表

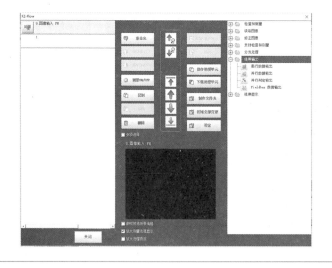

视觉系统想要将检测结果上传给上位机时，可以在流程编辑窗口的"结果输出"一栏中选择合适的流程项目

表 4-2（续 2）

操作过程示意图	操作步骤说明
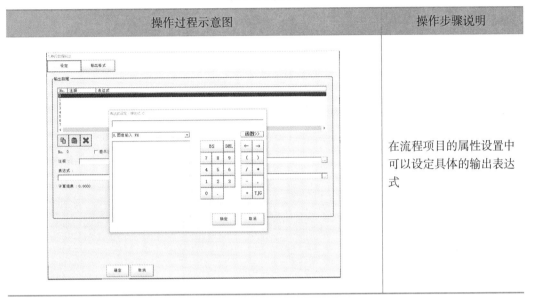	在流程项目的属性设置中可以设定具体的输出表达式

2.3.2　视觉系统与机器人的通信

1. 为使机器人能与视觉系统准确通信，须将机器人与视觉系统的 IP 地址设置在同一网段内，即前三位 IP 地址相同，末位 IP 地址不同。设置方法如表 4-3 所示。

表 4-3　视觉系统与机器人通信设置方法及步骤

操作过程示意图	操作步骤说明
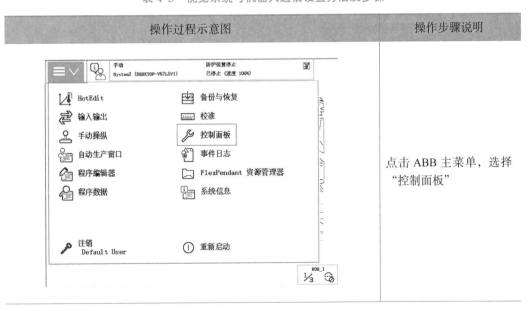	点击 ABB 主菜单，选择"控制面板"

表 4–3（续 1）

操作过程示意图	操作步骤说明
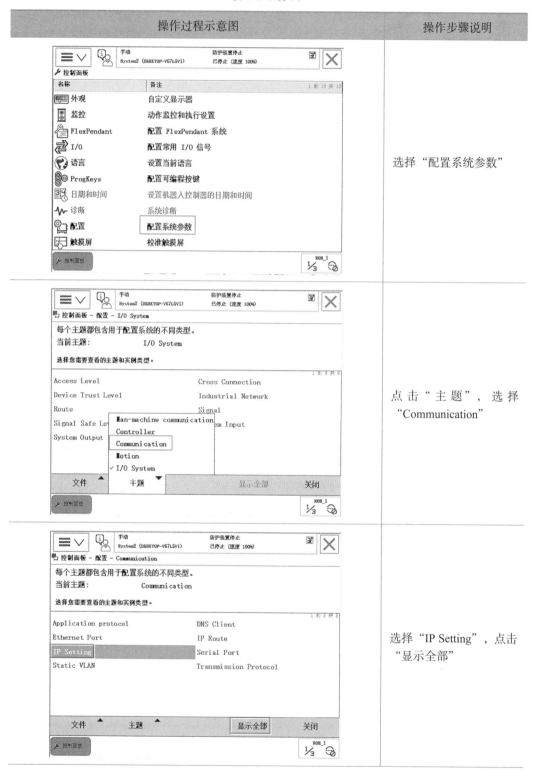	选择"配置系统参数"
	点击"主题"，选择"Communication"
	选择"IP Setting"，点击"显示全部"

表4-3（续2）

操作过程示意图	操作步骤说明
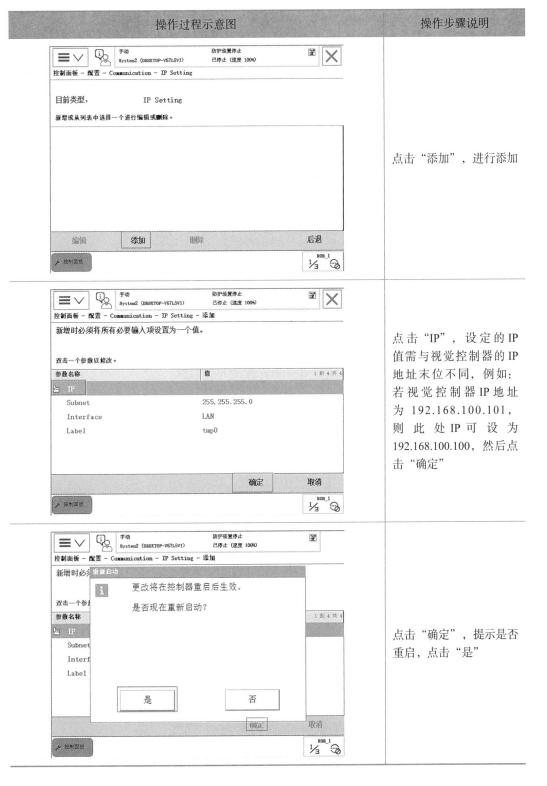	点击"添加"，进行添加
	点击"IP"，设定的IP值需与视觉控制器的IP地址末位不同，例如：若视觉控制器IP地址为192.168.100.101，则此处IP可设为192.168.100.100，然后点击"确定"
	点击"确定"，提示是否重启，点击"是"

2. 通信变量

设定 IP 地址后，机器人程序中还需定义下列类型的变量来达到通信目的。（表 4-4）

表 4-4　变量

数据类型	含义
socketdev	用于机器人控制器与视觉控制器网络连接的套接字
string	视觉控制器发送给机器人的通信内容
string	记录检测区域颜色的字符串
string	记录二维码数值的字符串

3. 通信指令及函数

为使机器人与视觉系统的网络连接，机器人将用到如下指令或函数。

（1）SocketCreate：用于针对基于通信或非连接通信的连接，创建新的套接字。

（2）SocketConnect：用于将套接字与客户端应用中的远程计算机相连。

（3）当不再使用套接字连接时，使用 SocketClose 关闭套接字。

（4）SocketSend：用于发送通信内容，使用已连接的套接字 Socket，发送内容为 StrWrite 变量中的字符串。

（5）SocketReceive：机器人接收来自视觉控制器的数据。

（6）函数 StrPart：用于寻找一部分字符串，并将其内容作为一个新的字符串。

2.3.3　场景的常用流程设计

1. 流程编辑窗口组成（图 4-12）

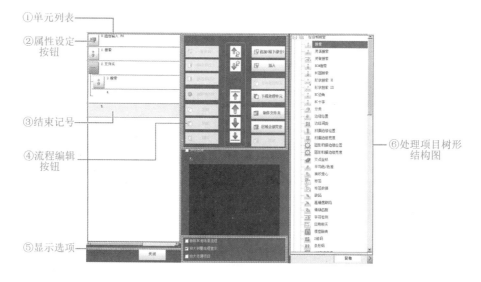

①单元列表
②属性设定按钮
③结束记号
④流程编辑按钮
⑤显示选项
⑥处理项目树形结构图

图 4-12　流程编辑窗口组成

（1）单元列表

列表显示构成流程的处理单元。通过在单元列表中追加处理项目，可以制作场景的流程。

（2）属性设定按钮

将显示属性设定画面，可进行详细设定。

（3）结束记号

表示流程的结束。

（4）流程编辑按钮

可以对场景内的处理单元进行重新排列或删除。

（5）显示选项

①放大测量流程显示：若勾选该选项，则以大图标显示"单元列表"的流程。

②放大处理项目：若勾选该选项，则以大图标显示"处理项目树形结构图"。

③参照其他场景流程：若勾选该选项，则可参照同一场景组内的其他场景流程。

（6）处理项目树形结构图

这是用于选择追加到流程中的处理项目的区域。处理项目按类别以树形结构图显示。点击各项目的"+"，可显示下一层项目；若点击各项目的"-"，则所显示的下一层项目将收起来。

勾选了"参照其他场景流程"时，将显示场景选择框和其他场景流程。

2. 视觉检测流程搭建

回到主界面，点击"流程编辑"，进入流程编辑界面。从右侧处理项目树中，选择需要添加的处理项目，单击"追加"按钮，处理项目即被添加至左侧流程单元列表中，如图 4-13 所示。

视觉检测模板设置

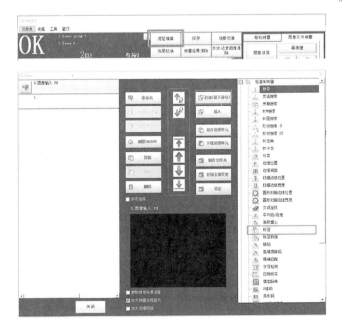

图 4-13　视觉检测流程搭建

3. 颜色检测

颜色检测流程的设置方法及步骤如表4–5所示。

表4–5　颜色检测流程设置方法及步骤

操作过程示意图	操作步骤说明
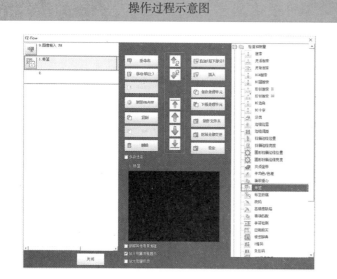	在流程编辑界面，从右侧处理项目树中，将"标签"添加至左侧流程单元列表中
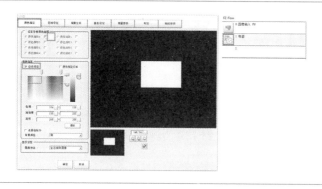	点击流程单元列表的标签按钮，进入标签编辑界面。 在颜色指定标签页中，勾选"自动设定"，使用鼠标拖选右侧所需图像的色块，此时将自动抽取拖选的颜色作为检测标准
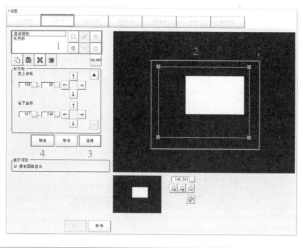	在区域设定标签页中可以设定搜索范围，即在设定范围内搜索目标颜色： （1）选择搜索形状； （2）在图像区调整搜索区域的位置、大小、形状等具体属性； （3）点击"适用"； （4）点击"确定"

表 4–5（续）

操作过程示意图	操作步骤说明
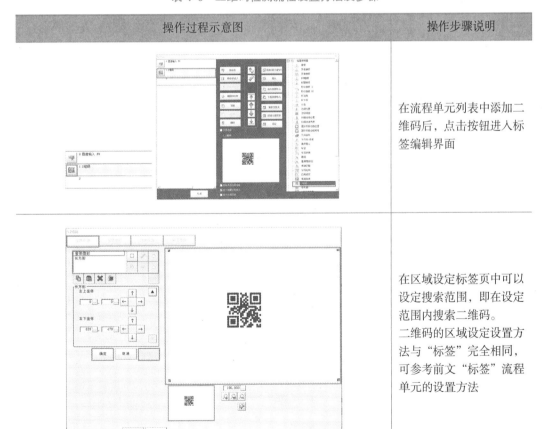	在测量参数标签页中修改抽取条件，将条件设置为面积大于 1 000 的单元，目的是避免视野内其他配件的小面积颜色或由光源造成的高光导致识别出过多的标签数，致使测量结果不准确

4. 二维码

颜色检测流程的设置方法及步骤如表 4–6 所示。

表 4–6　二维码检测流程设置方法及步骤

操作过程示意图	操作步骤说明
	在流程单元列表中添加二维码后，点击按钮进入标签编辑界面
	在区域设定标签页中可以设定搜索范围，即在设定范围内搜索二维码。二维码的区域设定设置方法与"标签"完全相同，可参考前文"标签"流程单元的设置方法

表 4-6（续）

操作过程示意图	操作步骤说明
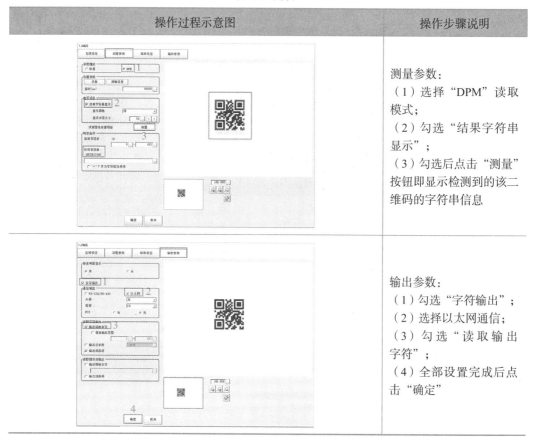	测量参数： （1）选择"DPM"读取模式； （2）勾选"结果字符串显示"； （3）勾选后点击"测量"按钮即显示检测到的该二维码的字符串信息
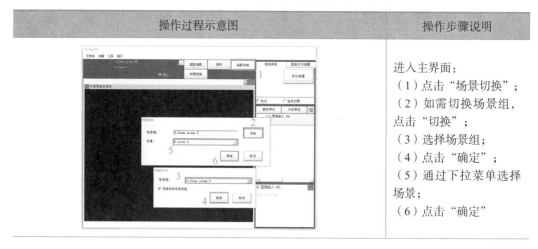	输出参数： （1）勾选"字符输出"； （2）选择以太网通信； （3）勾选"读取输出字符"； （4）全部设置完成后点击"确定"

2.3.4　切换场景组及场景

切换、管理场景组及场景方法、步骤如表 4-7 所示。

表 4-7　切换、管理场景组及场景的方法、步骤

操作过程示意图	操作步骤说明
	进入主界面： （1）点击"场景切换"； （2）如需切换场景组，点击"切换"； （3）选择场景组； （4）点击"确定"； （5）通过下拉菜单选择场景； （6）点击"确定"

表 4-7（续 1）

操作过程示意图	操作步骤说明
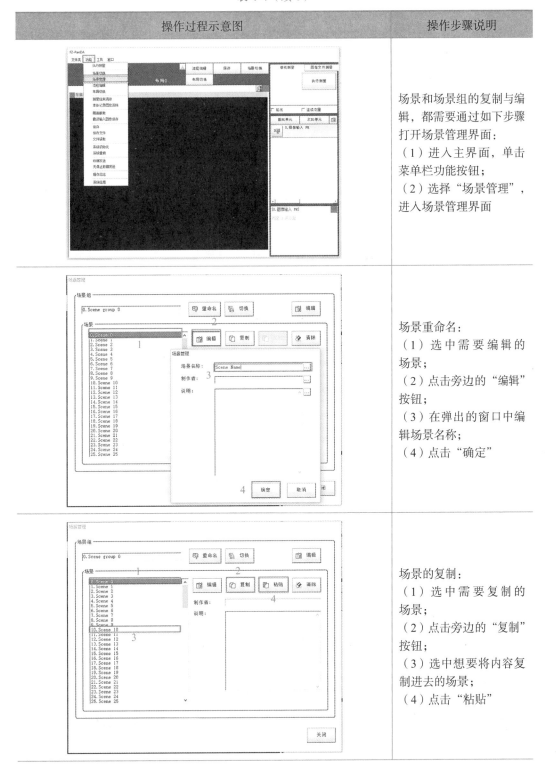	场景和场景组的复制与编辑，都需要通过如下步骤打开场景管理界面： （1）进入主界面，单击菜单栏功能按钮； （2）选择"场景管理"，进入场景管理界面 场景重命名： （1）选中需要编辑的场景； （2）点击旁边的"编辑"按钮； （3）在弹出的窗口中编辑场景名称； （4）点击"确定" 场景的复制： （1）选中需要复制的场景； （2）点击旁边的"复制"按钮； （3）选中想要将内容复制进去的场景； （4）点击"粘贴"

表 4–7（续 2）

操作过程示意图	操作步骤说明
	场景组的复制： （1）点击场景组分组中的"编辑"按钮； （2）在弹出窗口中选中需要复制的场景组； （3）点击"复制"按钮； （4）选中想要将内容复制进去的场景组； （5）点击"粘贴"

2.4 任务评测

任务要求：

对检测单元进行配置，实现对轮毂的颜色、二维码检测，并分别在机器人和 PLC 上显示输出结果。

任务 3 工业机器人分拣单元集成开发

3.1 任务描述

分拣单元可根据程序实现对不同零件的分拣动作，是应用平台的功能单元。本任务通过学习如何建立数控系统编程环境，完成简单的数控加工编程，并进一步实现数控加工的功能。

3.2 知识准备

分拣功能的实现

分拣单元由工作台、传输带、分拣机构、分拣工位、远程 I/O 模块等组件构成，如图 4–14 所示。传输带可将放置到起始位的零件传输到分拣机构前；分拣机构根据程序要求在不同位置拦截传输带上的零件，

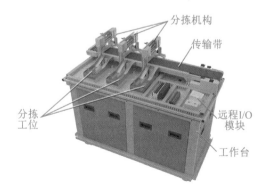

图 4–14 分拣单元

并将其推入指定的分拣工位；分拣工位可通过定位机构实现对滑入零件准确定位，并设置有传感器检测当前工位是否存有零件；分拣单元共有三个分拣工位，每个工位可存放一个零件；分拣单元所有气缸动作和传感器信号均由远程 I/O 模块通过工业以太网传输到总控单元。

3.3　任务实施

3.3.1　分拣单元通信配置

1. 总控单元 PLC 通信配置

总控单元 PLC 与分拣单元远程 I/O 模块组态的详细方法和步骤可以参见项目 1 中相关内容，PLC 中建立好的通信组态如图 4-15 所示。

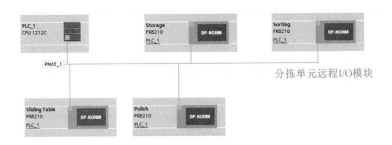

图 4-15　总控单元 PLC 通信配置

2. 信号表建立

根据信号接线图建立与分拣单元远程模块相关的 I/O 信号。例如根据信号接线图（图 4-16）建立分拣单元 PLC 远程 I/O 模块数字量输出信号，如表 4-8 所示。

NO.4	1	PD5Q100	4V110M5B	1#分拣机构推出气缸
	2	PD5Q101	4V110M5B	1#分拣机构升降气缸
	3	PD5Q102	4V110M5B	2#分拣机构推出气缸
	4	PD5Q103	4V110M5B	2#分拣机构升降气缸
	5	PD5Q104	4V110M5B	3#分拣机构推出气缸
	6	PD5Q105	4V110M5B	3#分拣机构升降气缸
FR2108 8×DO	7	PD5Q106	4V110M5B	1#分拣道口定位气缸
	8	PD5Q107	4V110M5B	2#分拣道口定位气缸
NO.5	1	PD6Q110	4V110M5B	3#分拣道口定位气缸
	2	PD6Q111	K1	传送带驱动电机

图 4-16　信号接线图

表 4-8 数字量输出信号

硬件设备	端口号	输出点	功能描述	对应硬件设备
分拣单元远程 I/O 模块 No.4 FR2108 数字量输出模块	1	Q10.0	1# 分拣机构推出气缸	气缸电磁阀
	2	Q10.1	1# 分拣机构升降气缸	
	3	Q10.2	2# 分拣机构推出气缸	
	4	Q10.3	2# 分拣机构升降气缸	
	5	Q10.4	3# 分拣机构推出气缸	
	6	Q10.5	3# 分拣机构升降气缸	
	7	Q10.6	1# 分拣道口定位气缸	
	8	Q10.7	2# 分拣道口定位气缸	
分拣单元远程 I/O 模块 No.5 FR1108 数字量输出模块	1	Q11.0	3# 分拣道口定位气缸	
	2	Q11.1	传送带驱动电机启动	传送带驱动电机

3.3.2 分拣功能流程分析

我们以轮毂分拣到 1 号道口为例分析分拣功能流程，其他 2 个道口的功能流程与 1 号都一样，流程图如 4-17 所示。

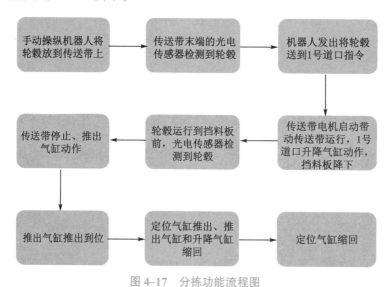

图 4-17 分拣功能流程图

3.3.3 PLC 编程思路

1. 通过机器人组输入信号，启动传送带电机及升降气缸。

分拣机构的动作主要由 PLC 进行控制，通过结合分拣机构各个位置的光电传感器或者磁性开关的检测输入信号，来控制分拣机构气缸对应的电磁阀动作。

结合以下程序示例，PLC 编程思路如下：

（1）通过"比较指令"比较机器人发出的组输出信号值是否等于 PLC 输入端接收到的数值；

（2）当比较值相同且传送带起始端光电传感器检测到零件时，"RLO 信号"上升沿指令检测到信号上升沿，指令输出端将传送电机启动指令并且将升降机构电磁阀置位。

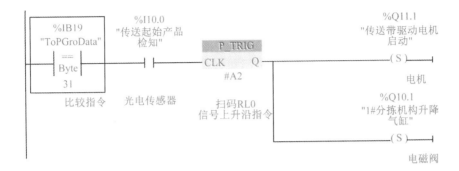

2. 道口进料程序

道口进料 PLC 编程思路如下。

（1）磁性开关检测到升降机构升降到位，且光电传感器检测到传送带送料到位，此时传送带电机复位停止、推出气缸置位。

（2）磁性开关检测到推出气缸推出到位，此时升降气缸和推出气缸电磁阀复位，定位气缸电磁阀置位。

（3）磁性开关检测到定位气缸定位到位，增加一个接通延时定时器，保证定位气缸完全定位后再将定位气缸复位缩回。

3.4 任务评测

任务要求：

1. 本题中参与完成任务的有分拣单元、执行单元与总控单元；

2. 机器人的所有任务就是将轮毂零件放置在分拣单元传送带末端，具体分拣工作完全由 PLC 控制分拣单元完成；

3. 分拣单元的动作顺序为——升降气缸先拦截传送带上的轮毂零件，然后推动气缸将轮毂零件推下传送带，最后定位气缸将轮毂零件推到分拣工位。

任务4 工业机器人检测分拣工作站集成应用实训

4.1 任务描述

本次实训工作任务内容如下：

1. 在仓储单元中随机放入四个轮毂零件，正面朝上，如图 4–18 所示；

2. 按照轮毂所存放的仓位编号由小到大依次取出轮毂；

3. 通过视觉检测其背面二维码后，放回原仓位。

4.2 知识准备

4.2.1 功能划分

完成任务要求需要以下设备及单元，如图 4–19 所示。

图 4–18 仓储单元轮毂放置图

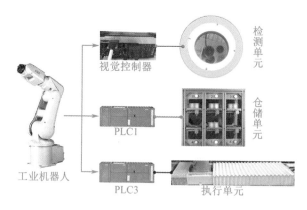

图 4–19 任务所需设备及单元

1. 工业机器人

作为本任务的"司令员"，完成该任务的"纲目"由工业机器人掌握。机器人需要统筹规划发送给"下属"（检测单元、执行单元、仓储单元）指令的时机，以保证各项流程的准确实施。

2. 执行单元

可根据机器人发送的运动速度及位置参数，自动运行到指定位置。

3. 检测单元

根据机器人发出的指令可执行二维码检测功能，并将检测结果回传至机器人。该功能的实现可参考本项目的任务2。

4. 仓储单元

可根据机器人发送的弹出仓位信号，弹出或缩回指定仓位。该功能的实现可参考项目2中任务2。

4.2.2 明确流程

根据任务要求及所用设备分析出任务工作流程，如图4-20所示。

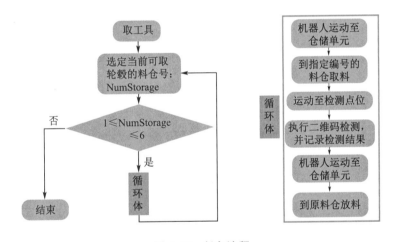

图4-20 任务流程

4.3 任务实施

4.3.1 机器人编程

1. 二维码数值

由功能划分可以知道，机器人需要记录当前检测的二维码数值。即在当前可以实现A1/A2流程（项目2任务5）的基础上，我们需要添加一个一维数组来标识某料仓轮毂所对应的二维码。

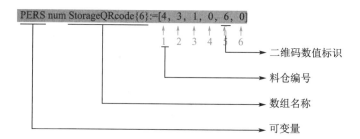

示例中，1号仓位轮毂的二维码数值为4，6号仓位无轮毂（二维码），依此类推。

2. 变量、信号初始化

此段程序可在之前任务中的初始化程序（Initialize）的基础上编制完成。

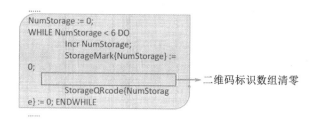

需要注意的是，由于料仓二维码数组的标识与后续轮毂的顺序调整以及排序有关，为避免数据的意外丢失，该初始化程序只在必要时执行。其他各变量及信号的初始化形式保持不变。

3. 判断取料仓位号

题目要求需要按照料仓编号由小到大取料，以下面程序示例。

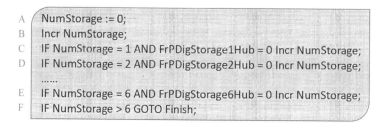

（1）A：此段程序中，先将可取料仓编号赋值为"0"。

（2）B：NumStorage 自加1，使得当前活动仓位变为1，即将执行 C 段程序。

（3）C：该段程序要进行料仓是否有料的判断。

（4）当1号料仓无料，则 IF 条件满足，NumStorage 自加1，即将执行 D 段程序。

（5）当1号料仓有料，则 IF 条件不满足，C 段至 E 段的程序都不执行，图示程序结束后，NumStorage 的值为1。即判断出当前1号料仓为可取料仓位。

（6）F：若6个料仓都无料，则 F 段程序条件将满足，程序会直接跳转至结束段。

4. 取 / 放料

（1）对于取料的逻辑以及基本的编程方式均可参考任务 2 中的"PGetHub"。原取料程序"PGetHub"的取料料仓只由"NumStorage"标识，此处需考虑到后续轮毂调整顺序的需求。

当调整轮毂顺序时，若要弹出与二维码数值对应的料仓，则原取料程序"PGetHub"不能满足需求。当然我们可以把二维码赋值给变量"NumStorage"，又会出现新的潜在错误，即原"NumStorage"的数据丢失，后续程序在对变量"NumStorage"调用时可能会发生错误。

因此我们需要将取料程序新添加一个参数 (Number)，该参数即为要弹出的料仓号。新的程序名称修改为"PGetHubSort"如下所示：

```
PROC PGetHubSort(num Number)
        FSlide 720, 15;
        SetGO ToPGroStorageOut, Number;
        WaitUntil FrPGroData > 0 AND FrPGroData < 7;
        ......
```

（2）对于放料的逻辑以及基本的编程方式均可参考前面任务中的"PPutHub"，其程序修改思路与取料程序相同，我们也可在取放轮毂程序中调用伺服滑台移动程序"FSlide"，如此可提高程序重复调用的灵活性。新的放料程序名称修改为"PPutHubSort"，如下所示：

```
PROC PPutHubSoft(num Number)
        FSlide 720, 15;
        SetGO ToPGroStorageOut, Number;
        WaitUntil FrPGroData > 0 AND FrPGroData < 7;
        ......后续程序与原"PPutHub"一致
```

修改后的取／放料程序在调用时需要添加参数以标识要取料或放料的料仓，具体示例如下：

```
取编号为"NumStorage"的料仓物料：
PGetHubSort NumStorage;
将当前所夹持物料放置到1号料仓：
PPutHubSort 1;
```

5. 二维码检测

对于二维码检测的逻辑以及基本的编程方式均可参考前面任务中的"CQRcodeTest"，该程序原本的功能为执行二维码检测，并将检测的结果回传至机器人。

在轮毂二维码检测时，还需要机器人记录每个仓位的二维码数值，这就要用到之前所建立的二维码标识数组"StorageQRcode{6}"。

因此我们需要在原"CQRcodeTest"程序之后借助中间变量"NumStorage"添加一段数组赋值程序，如下所示：

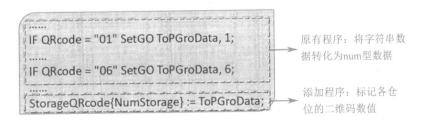

```
......
IF QRcode = "01" SetGO ToPGroData, 1;
......
IF QRcode = "06" SetGO ToPGroData, 6;
```
原有程序：将字符串数据转化为num型数据

```
......
StorageQRcode{NumStorage} := ToPGroData;
```
添加程序：标记各仓位的二维码数值

注意：

检测程序运行完毕后，可以查看二维码标识数组进行结果确认。

6. 轮毂检测程序

经过对取 / 放料程序、二维码检测程序的改进，基本上已达到每个子程序可实现独立功能的目的。作为检测部分的案例程序"PHubTest"，其编制过程主要有如下两点。

（1）循环体的编制

该段程序编制过程可按照其流程顺序，分别调用不同子程序或者指令语句，如下所示：

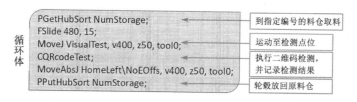

（2）循环触发

根据流程规划，每执行一次"循环体"程序，都要重新选定当前可取得轮毂号，因此可将"判断取料仓位号"作为触发循环后的起点。

示例程序中采用"GOTO"指令，并将标签 Label（示例中为"Circulation"）置于将"NumStorage"赋初值之后，如下所示：

4.3.2　检测结果展示

检测之后可查看二维码标识数组，与实际检测结果对比以验证程序的正确性。还可将检测结果标记在对应料仓的轮毂上，为之后的轮毂顺序调整程序的验证做准备，如图4–21 所示。

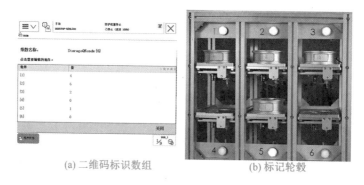

(a) 二维码标识数组　　　　(b) 标记轮毂

图 4–21　检测结果展示

4.4　任务评测

任务要求：

1.在仓储单元中随机放入五个轮毂零件，背面朝上；

2.按照轮毂所存放的仓位编号由大到小依次取出轮毂；

3.利用打磨单元进行翻面；

4.通过视觉检测其背面二维码及颜色后，由机器人记录并放回原仓位。

项目 5　工业机器人人机交互系统集成

任务 1　初始 WinCC 系统

1.1　任务描述

　　WinCC 是由西门子公司开发的上位机组态软件，主要用于对生产过程进行监控，其下位机编程软件主要采用西门子公司的 step7。本任务学习如何完成 WinCC 系统的网络配置及连接。

1.2　知识准备

　　WinCC 是在生产过程中解决可视化和控制任务的工业技术系统，它提供了适用于工业的图形显示、消息以及报表的功能模板。高性能的过程耦合、快速的画面更新，以及可靠的数据使其具有高度的实用性。

　　除了这些系统功能外，WinCC 还提供了开放的界面用于用户解决方案，这使得将 WinCC 集成入复杂、广泛的自动控制解决方案成为可能。WinCC 可以集成通过 ODBC 和 SQL 方式的归档数据访问，以及通过 OLE2.0 和 ActiveX 控件的对象和文档的链接。这些机制使 WinCC 成为 Windows 世界中性能卓越、善于沟通的伙伴。

1.3　任务实施

　　本工作站使用的 PLC 配型为 SIMATIC S7–1200，此种型号的 PLC 支持 HMI 设备和 SIMATIC S7–1200 控制器之间的通信，并可以为 SIMATIC S7–1200 控制器组态 PROFINET 或 PROFIBUS 通信通道。图 5–1 所示为工作站通信连接图。

　　由于本工作站设备间均使用工业以太网通信，这里只详细讲解工业以太网通信（PROFINET 端口）。如果要组态具有串行端口的 HMI 设备，那么必须为 SIMATIC S7–1200 组态具有 PROFIBUS 功能的通信模块。

1.3.1　组态计算机的网络配置

　　组态计算机是指安装了组态软件的计算机，该计算机仅用于 WinCC RT Professional

项目的组态编译。在计算机上安装 SIMATIC WinCC Professional（博途）组态软件，通过网络配置、共享配置、项目组态三步完成组态计算机的设置。

　　组态计算机的 IP 地址应与运行计算机的 IP 地址在同一网段，如果组态计算机即为运行计算机就无需考虑此点。例如设置组态计算机的 IP 为 192.168.0.1，子网掩码为 255.255.255.0，如图 5-2 所示。

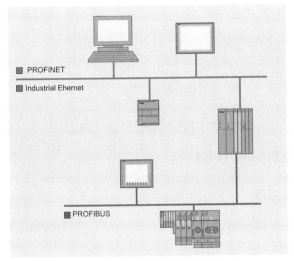

图 5-1　工作站通信连接图　　　　图 5-2　计算机 IP 地址设置

1.3.2　PLC 的组态

1. 在项目树中双击"添加新设备"，选择添加控制器中的 CPU，如图 5-3 所示。

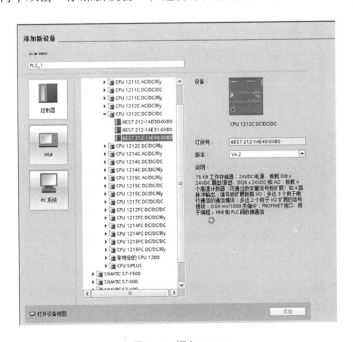

图 5-3　添加 CPU

2. 在项目树内，双击 CPU 下的"设备组态"进入设备视图，选择 PLC，在属性→常规→以太网地址中分配 IP 地址及子网掩码，如图 5-4 所示。

注意：IP 地址在网络中必须唯一，且必须与运行计算机及本组态计算机在同一网段。

图 5-4　PLC 以太网地址设定

1.3.3　WinCC RT Professional 的组态

1. 在项目树中双击"添加新设备"，选择添加 PC 系统下的 WinCC RT Professional，如图 5-5 所示。

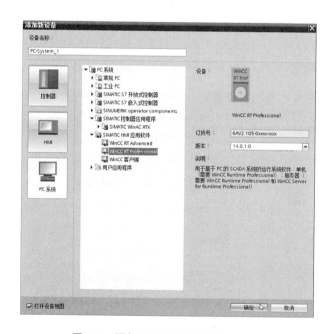

图 5-5　添加 WinCC RT Professional

2. 在项目树中双击"PC-System_1"下的"设备组态"选择打开设备视图，在右侧的硬件目录中选择通信模块→常规 IE，拖拽至 PC station 中的插槽内，为设备添加以太网卡，如图 5-6 所示。

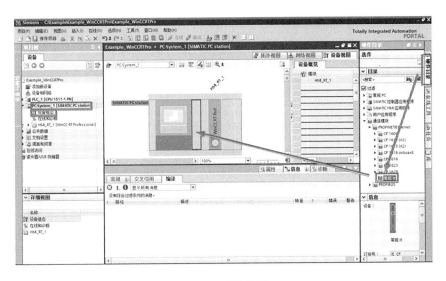

图 5-6　硬件设置

3. 在设备视图内，选中 PC station 中的以太网口，在属性→常规→以太网地址中分配 IP 地址及子网掩码，并将子网选为之前建立过的 PN/IE_1。

注意：IP 地址在网络中必须唯一，且必须与运行计算机的实际设置一致，还需与本组态计算机在同一网段。本例中，设置 IP 为 192.168.0.110，子网掩码为 255.255.255.0，如图 5-7 所示。

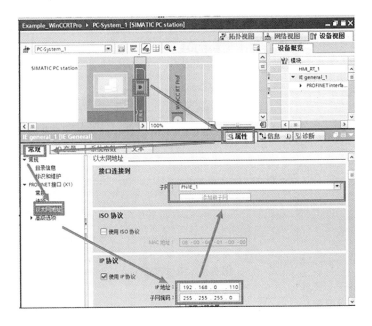

图 5-7　以太网地址设定

1.3.4　组态 HMI 连接

将 HMI 设备和 SIMATIC S7-1200 CPU 插入项目，在"设备和网络"编辑器中通过

PROFINET 组态 PLC 和 HMI 设备之间的 HMI 连接，如图 5-8 所示。

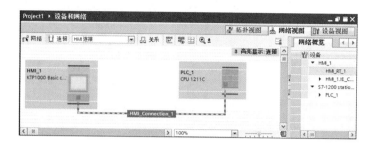

图 5-8　组态 HMI

可以将多台 HMI 设备连接到一台 SIMATIC S7-1200，以及将多台 SIMATIC S7-1200 连接到一台 HMI 设备。可以连接到 HMI 设备的通信伙伴的最大数量取决于所用 HMI 设备。

HMI 连接的操作方法（图 5-9）如下：

1. 在项目树中双击"设备和网络"项，在网络视图中以图形形式显示项目中可用的通信伙伴；

2. 单击"连接"按钮并选择"HMI 连接"作为连接类型，将以高亮颜色显示可用连接的设备；

3. 单击 PLC 的 PROFINET 接口并使用拖放操作建立到 HMI 设备的 PROFINET 或以太网接口的连接。

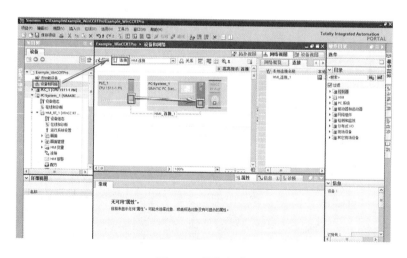

图 5-9　操作方法

1.4　任务评测

任务要求：

1. 将组态计算机的 IP 地址设置为 192.168.0.1，子网掩码设置为 255.255.255.0；

2. 组态 PLC，将 PLC 的 IP 地址设置为 192.168.0.2，子网掩码设置为 255.255.255.0；

3.组态 WinCC RT Professional，将 WinCC RT Professional 的 IP 地址设置为 192.168.0.110，子网掩码设置为 255.255.255.0；

4.组态 HMI，将 HMI 的 IP 地址设置为 192.168.0.3，子网掩码设置为 255.255.255.0。

任务 2　工业机器人 WinCC 系统集成开发

2.1　任务描述

WinCC 作为最先进的 SCADA 系统，具备 SCADA 系统基本的功能：画面系统、归档系统、消息系统、报表系统、用户管理、脚本、过程通信、开放的接口等。本任务主要通过学习如何进行界面制作、建立变量表等知识，完成通过 PLC 将当前 I/O 信号传递到 WinCC 项目中，新建欢迎界面、手动界面、监控界面。

2.2　知识准备

从面市开始，用户就对 SIMATICWinCC(Windows Control center) 印象深刻。一方面，是其高水平的创新，它使用户在早期就认识到即将到来的发展趋势并予以实现；另一方面，是其基于标准的长期产品策略，可保证用户的投资利益。

凭借这种战略思想，WinCC 这一运行于 Microsoft Windows 2000 和 XP 下的 Windows 控制中心，已发展为欧洲市场的领导者，成为业界遵循的标准。如果用户想使设备和机器最优化运行，如果想最大程度地提高工厂的可用性和生产效率，WinCC 当是最佳选择。

2.3　任务实施

2.3.1　WinCC 变量表的建立

1.双击"添加新变量表"创建"变量表_1"，如图 5-10 所示。

WinCC 变
量表的建立

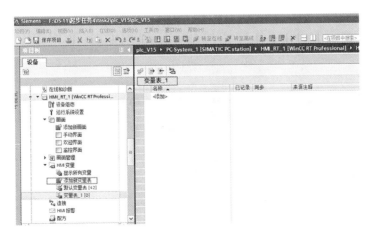

图 5-10　创建变量表

2. 对需要关联的 PLC 变量表中的变量进行复制，如图 5–11 所示。

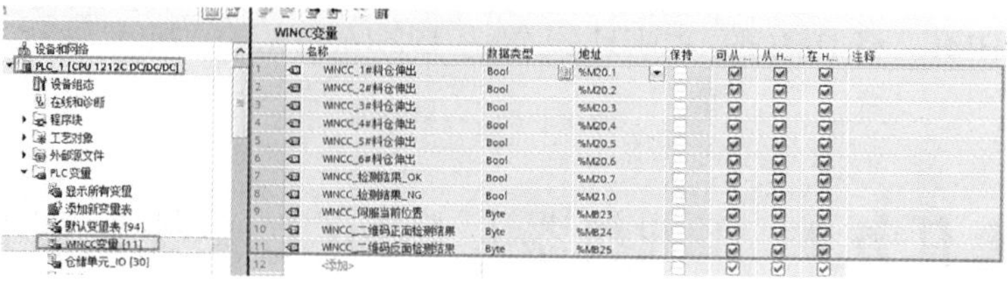

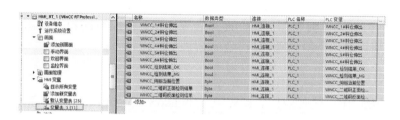

图 5–11　复制 PLC 变量

3. 将变量粘贴到 HMI 变量下面新建的变量表中，可以看到粘贴完成的同时这些变量自动识别了之前与 PLC 建立的连接"HMI_ 连接 _1"，如图 5–12 所示。

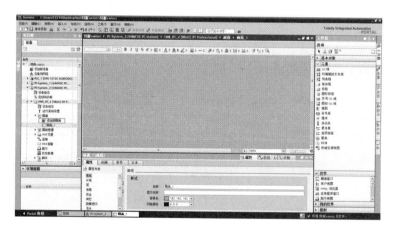

图 5–12　粘贴变量

2.3.2　WinCC 新画面的添加

1. 在"画面"选项中双击"添加新画面"，如图 5–13 所示。

图 5–13　添加新画面

2. 在新建的画面上右键选择"动态化总览"，更改刷新画面时间为 250 ms，使界面上的对象在收到信号控制时及时刷新，如图 5–14 所示。

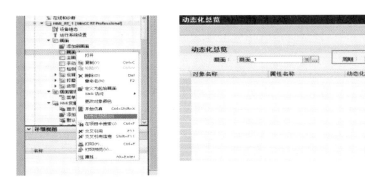

图 5-14 更改刷新时间

3.通过"图形"菜单栏下的"创建文件夹链接"可以批量导入需要使用的图片,如图 5-15 所示。

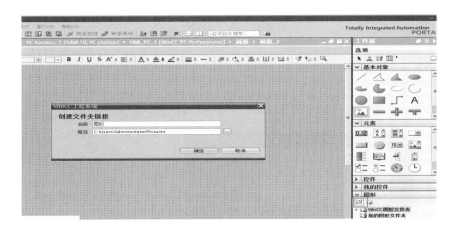

图 5-15 导入图片

4.将需要的背景图片拖入到界面中,如图 5-16 所示。

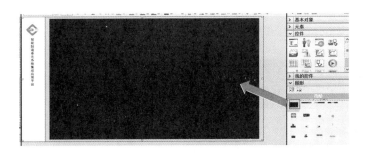

图 5-16 拖入背景图片

2.3.3 WinCC 界面制作

1.素材图片的导入及文本制作

(1)各个界面的制作过程中需要用的图片,可以选择基本对象中的

WinCC 界面制作

"图形视图"，插入需要的外部图片，如图 5–17 所示。

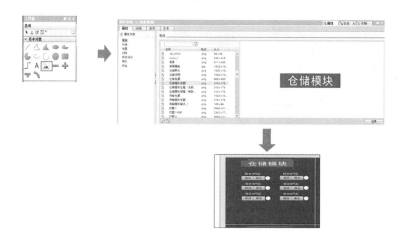

图 5–17　插入外部图片

（2）可以通过基本对象中的"图形"（如矩形）和"文本域"自行编辑一种文字标题，如图 5–18 所示。

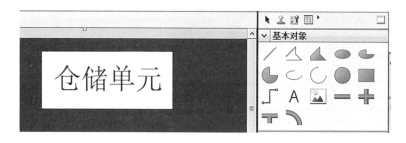

图 5–18　编辑文字标题

2. 按钮的制作

（1）控制动作按钮的制作

①通过元素中的按钮来进行按钮的制作，如图 5–19 所示。

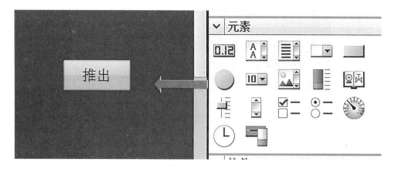

图 5–19　按钮的制作

②在按钮属性窗口中选择"事件"，事件下面有一系列控制方式。例如选择"单击"的方式，如图5-20所示。

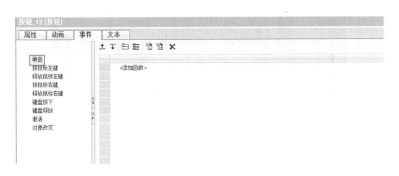

图5-20　控制方式选择

③选择添加函数，通过添加不同的函数可选择不同方式对相应的变量进行控制。例如选择"置位位"，表示单击按钮时起到置位的作用，如图5-21所示。

图5-21　添加函数

④对变量表中对应按钮操作的 WinCC 变量进行关联，如图5-22所示。

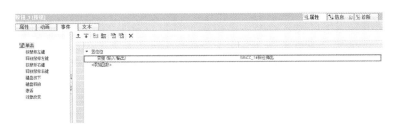

图5-22　关联变量

（2）画面切换按钮的制作

①当 WinCC 项目中包含多个画面时，往往需要在各个画面之间进行切换，此时可以在每个画面上添加画面切换按钮。例如"手动界面"按钮，点击此按钮可以切换到手动界面，如图5-23所示。

图 5-23　切换按钮

②画面切换按钮在添加函数时需要选择"画面"子菜单下面的"激活屏幕"，并为激活的屏幕分配画面，如图 5-24 所示。

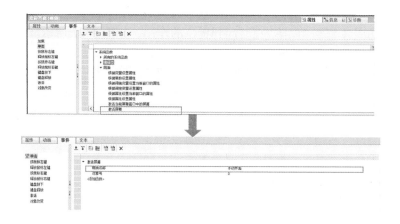

图 5-24　选择激活屏幕

（3）指示灯的制作

①需要编辑界面上的指示灯时，可以添加基本对象中的元素。例如圆形，在属性中可以更改外观的颜色，如图 5-25 所示。

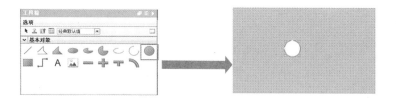

图 5-25　制作指示灯图形

②指示灯的颜色状态会跟随信号的变化而变化，需要在动画菜单栏下选择"外观"进行设置，关联指示灯对应的 WinCC 变量，并修改指示灯的颜色状态，0 表示没有信号时为红色，1 表示有信号时为绿色，如图 5-26 所示。

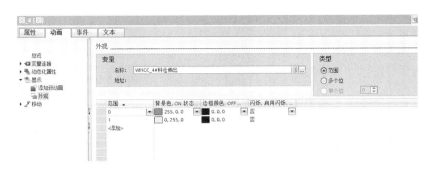

图 5–26　指示灯设置

（4）I/O 域的制作

①当画面上需要展示一些过程变量的数值时可以使用 I/O 域，拖入元素中的 I/O 域，如图 5–27 所示。

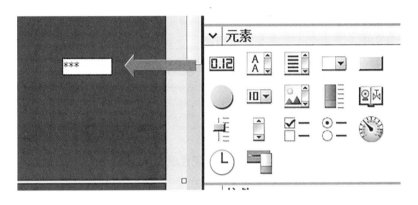

图 5–27　添加 I/O 域

②在属性窗口的常规选项中对 I/O 域中显示的 WinCC 变量进行关联，同时可以在格式中选择显示的数据类型和样式，如图 5–28 所示。

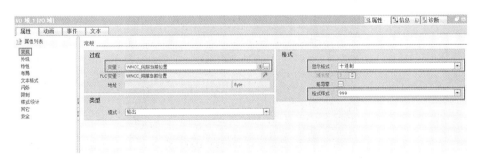

图 5–28　关联变量

（5）对象的可见性制作

料仓中轮毂零件有、无的信号由仓位上光电传感器的检测来获取，想要在界面上实现轮毂零件的时有、时无可以通过对象的可见性设置来实现，如图 5–29 所示。

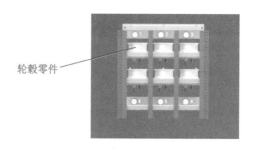

图 5-29　料仓中轮毂零件

选择"显示"中的可见性，关联相应的 WinCC 变量，修改可见性和范围值。例如选择"可见性"并将范围值设置为从 1 至 1，表示当光电传感器检测到轮毂零件时的"布尔量信号"为 1，此时轮毂可见，如图 5-30 所示。

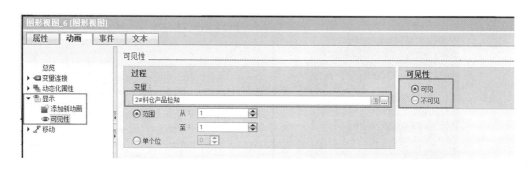

图 5-30　可见性设置

（6）对象的移动制作

①当画面中的对象是一个移动的物体时，可以通过选择"动画"中的"移动"来实现这种画面效果。例如滑台上水平移动的机器人，如图 5-31 所示。

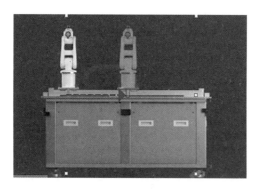

图 5-31　滑台上水平移动的机器人

②选择"移动"下面的"水平移动"，关联相应的 WinCC 变量，并指定变量的范围值，拖动图中的橙色箭头可以指定对象在画面中移动的"起始位置"和"目标位置"，如图 5-32 所示。

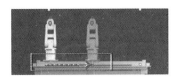

图 5-32 图像移动设置

2.4 任务评测

任务要求：

新建欢迎界面、手动界面、监控界面，链接对应变量，实现手动及监控功能。

 **任务 3 工业机器人 MES 系统集成开发**

3.1 任务描述

MES（Manufacturing Execution System，简称 MES）即制造企业生产过程执行系统，是一套面向制造企业车间执行层的生产信息化管理系统。MES 可以为企业提供包括制造数据管理、计划排产管理、生产调度管理、库存管理、质量管理、人力资源管理、工作中心/设备管理、工具工装管理、采购管理、成本管理、项目看板管理、生产过程控制、底层数据集成分析、上层数据集成分解等管理模块，为企业打造一个扎实、可靠、全面、可行的制造协同管理平台。本任务主要通过 WinCC 系统、云端服务器及手机系统组建一个简易的 MES 系统，并通过编程完成对工作站重要参数的云端监控。

3.2 知识准备

MES 系统是美国 AMR 公司（Advanced Manufacturing Research）在 20 世纪 90 年代初研发出来的，旨在加强 MRP 计划的执行功能，把 MRP 计划同车间作业现场控制通过执行系统联系起来。这里的现场控制包括 PLC 程控器、数据采集器、条形码、各种计量及检测仪器、机械手等。MES 系统设置了必要的接口，与提供生产现场控制设施的厂商建立合作关系。

生产执行系统 MES 可监控从原材料进厂到产品的入库的全部生产过程，记录生产过程产品所使用的材料、设备，产品检测的数据和结果以及产品在每个工序上生产的时间、人员等信息。这些信息的收集经过 MES 系统加以分析，就能通过系统报表实时呈现生产现场的生产进度、目标达成状况、产品品质状况，以及产品的人、机、料的利用状况，这样让整个生产现场完全透明化。企业的管理人员无论何时身处何地，只要通过 Internet 就能将生产现场的状况看得清楚明白。身在总部的老板亦能通过 MES 系统获取信息，运筹帷幄，远在国外的客户当然也可以来查看他们订单的进度和产品品质。

3.3　任务实施

3.3.1　变量

1. 创建 WinCC 变量

WinCC 变量主要用于将 PLC 参数传送至 WinCC 中，操作过程如下。

点击设备 PC–System_1 → HMI_RT_1 → HMI 变量→添加新变量表，至此可以看到新建的"变量表_1〔0〕"，如图 5–33 所示。

图 5–33　新建变量表

双击进入"变量表_1〔0〕"，如图 5–34 所示，点击添加按钮添加新变量，设置变量名称、数据类型。

（1）若"连接"选择内部变量，则表示在 WinCC 中创建了全局变量。

（2）若点击"PLC 变量"下拉框，选择 PLC 变量，则可以将 PLC 变量与此变量关联，用于后续脚本获取 PLC 变量。

在任务中，将变量连接为内部变量，便于讲解。

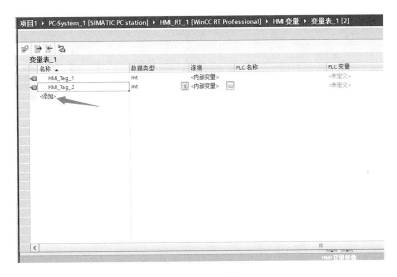

图5-34 变量表

2. 使用变量

在 WinCC 中，变量分为 WinCC 变量和脚本变量。

WinCC 变量作用域为整个 WinCC 区域，如何创建详见前面任务。

脚本变量作用域为脚本内部。

（1）使用 C 脚本变量

C 脚本变量可以在 C 脚本函数中定义，也可以在头文件中定义。

例如 int result=0，表示在 C 脚本中声明一个变量名为 result 的 int 型变量，并将其初值赋为 0。

C 脚本调用 WinCC 变量，使用 GetTag 函数。例如 GetTagBit（"Position_1"），表示在 C 脚本中获取 WinCC 变量名 "Position_1" 的布尔型变量。

如表 5-1 所示，在 C 脚本中读取不同数据类型的 WinCC 变量值的 GetTag 函数，更多内容参见 WinCC 软件帮助文件（软件主界面→帮助→显示帮助→搜索关键字 "GetTag"→搜索）。

表 5-1 函数对应表

类型	函数名称
布尔型	GetTagBit
字节型	GetTagByte
char*	GetTagChar
SYSTEMTIME	GetTagDateTime
双精度型	GetTagDouble
DWORD	GetTagDword

表 5-1（续）

类型	函数名称
浮点型	GetTagFloat
布尔型	GetTagRaw
signed char	GetTagSByte
long int	GetTagSDWord
short int	GetTagSWord
WORD	GetTagWord

（2）使用 VB 脚本变量

VB 脚本变量可以在 VB 脚本函数中定义，比如：Dim WebServiceArea，表示在 VB 脚本中声明一个变量名为 WebServiceArea 的变量，WebServiceArea=0，表示将此变量赋值为"0"。

注意事项如下。

① VB 脚本中，变量在声明时不区分数据类型，变量的数据类型由赋值的变量自动转换，因此无需声明数据类型。

更多内容参见 WinCC 软件帮助文件（软件主界面→帮助→显示帮助→搜索关键字"VB 变量的使用"→搜索）。

② VB 脚本调用 WinCC 变量，使用 SmartTags 函数。比如：SmartTags（"Position_1"）. Value，表示在 VB 脚本中获取 WinCC 变量名"Position_1"的变量值，由于 VB 脚本的变量数据类型由赋值的变量自动转换，因此，当变量"Position_1"的数据类型为 bool 时，整个 SmartTags（"Position_1"）.Value 的数据类型为 bool。

2.3.2　C 脚本

1. 头文件

（1）新建头文件

C 脚本变量可以分为公共变量以及 C 脚本函数变量，主要的区别在于作用域不同。公共变量的作用域为整个 C 脚本；C 脚本函数变量，只能在当前函数中使用。

头文件主要用于放置 C 脚本需要用到的公共变量，创建头文件的操作如下所示：

设备 PC-System_1 → HMI_RT_1 →脚本→ C 头文件→添加新 C 头文件，至此头文件 CHeader_1.h 新建成功，如图 5-35 所示。

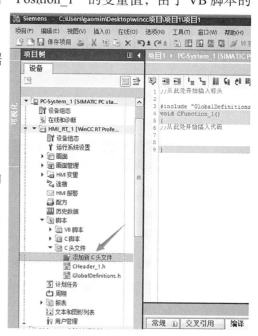

图 5-35　添加新 C 头文件

右键单击头文件，可以对头文件进行"重命名"操作，如图 5-36 所示。

（2）使用头文件

C 脚本函数在使用 C 头文件之前，必须在 C 脚本函数全局区域通过 #include 指令引用 C 头文件，如图 5-37 所示，表示 UploadParameter( ) 函数引用名称为 ChlrobCommonHeader.h 头文件。

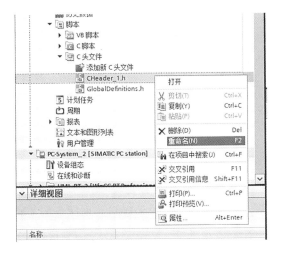

图 5-36　重命名

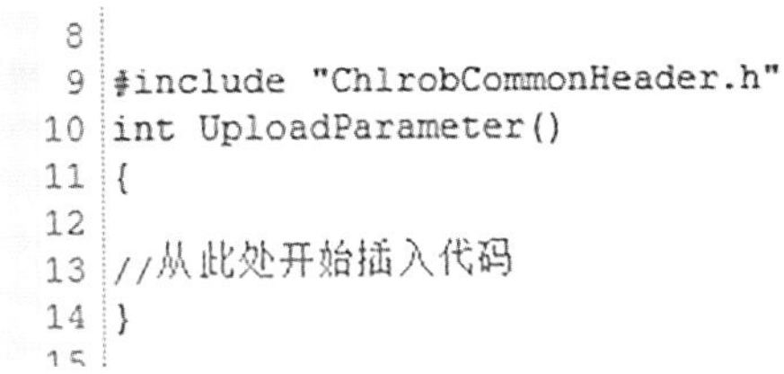

图 5-37　引用新 C 头文件

2. 添加 C 脚本

点击设备 PC-System_1 → HMI_RT_1 →脚本→ C 脚本→添加新 C 函数，至此 C 脚本函数 CFunction_1 新建成功，如图 5-38 所示。

图 5-38 添加 C 脚本

右键单击 C 函数，可以对 C 函数进行"重命名"操作，如图 5-39 所示。

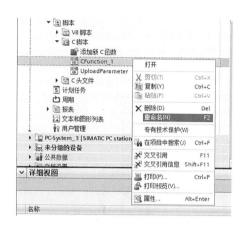

图 5-39　重命名

3. 使用 C 脚本

C 脚本函数的使用包括：C 脚本函数与事件的关联；C 脚本函数与计划任务的关联。

（1）C 脚本函数与事件的关联

如下操作为将按钮的相关事件与 C 脚本函数进行关联。

操作 1：点击设备 PC-System_1 → HMI_RT_1 →画面→添加新画面。

在新画面中执行如下操作。

操作 2：双击打开画面 1→工具箱→元素→按钮。

至此，完成按钮的添加，如下面操作所示将按钮的单击事件关联到 C 脚本函数，使得单击按钮时触发 C 脚本函数。

操作 3：点击按钮→属性→事件→单击→添加函数→选择对应事件。

至此，完成 C 脚本函数与事件的关联。如图 5-40 和图 5-41 所示。

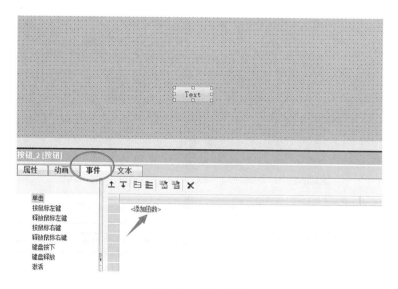

图 5-40　添加函数

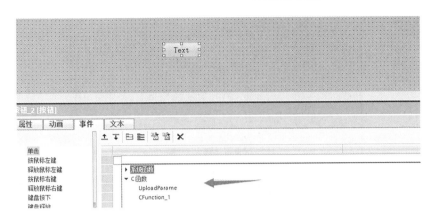

图 5-41　关联事件

如下案例用于测试 C 脚本函数与事件的关联是否成功。

通过点击按钮，触发 C 脚本函数，并将返回值传送到 WinCC 界面中。

①新建 C 脚本函数→右击 C 脚本函数→选择属性→常规→类型→ int，用于设置函数的返回值类型为 int 型变量。

②新建 WinCC 变量，命名为 result，数据类型为 int，设置为内部变量。

③在 C 脚本函数中写入如下语句（图 5-42）。

④依次执行：上述操作 1 至操作 3 后，点击"返回值"行的按钮，选择变量 result。此步骤用于将函数返回值关联到变量 result（图 5-43），设置成功后，点击按钮就会触发函数，将 C 脚本函数的返回结果赋值给 WinCC 变量 result。注意此处返回值为 WinCC 内部变量，变量名称任意，但是变量类型必须要与 C 脚本函数的 return 语句后面的变量类型一致。

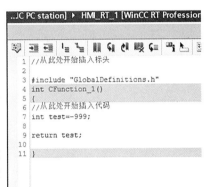

图 5-42　在 C 脚本函数中写入语句

图 5-43　关联变量

⑤新建"可编辑的文本域"，用于将返回值显示在文本域中，点击文本域→属性→动画→变量连接→添加新动画→文本→确定，如图 5-44 所示。文本添加成功后，点击文本→过程→变量→选择变量 result，如图 5-45 所示。

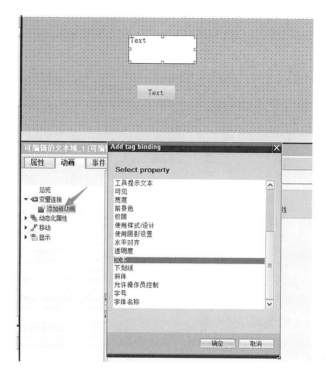

图 5-44　编辑文本域

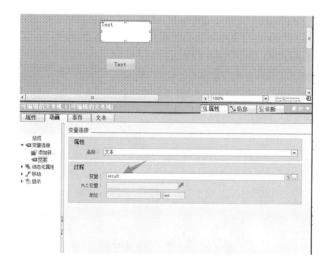

图 5-45　选择变量

⑥设置成功后，先执行语法检查，再编译项目。编译完成后，点击在线→仿真→启动，出现仿真界面。点击按钮就会触发 C 脚本函数，C 脚本函数会将执行结果传递给内部变量 result，文本域就会显示出 result 的数值，因此点击按钮，查看文本域显示结果是否为 –999，相同则表示调用成功。

（2）C 脚本函数与计划任务的关联

双击计划任务，出现计划任务列表，双击添加，选择类型为"函数列表"。点击要设置的计划任务名称，点击属性→事件→添加函数（C 脚本函数），C 脚本函数即与计划任务相关联，如图 5–46 所示。

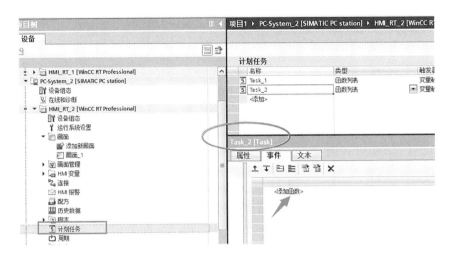

图 5–46　添加计划任务

2.3.3　VB 脚本

1. 添加 VB 脚本

点击设备 PC–System_1 → HMI_RT_1 →脚本→ VB 脚本→添加新 VB 函数，至此 VB 脚本函数 VBFunction_1 新建成功，如图 5–47 所示。

图 5–47　添加 VB 脚本

右键单击 VB 函数，可以对 VB 函数进行"重命名"操作，如图 5–48 所示。

2. 使用 VB 脚本

VB 脚本函数的使用包括：VB 脚本函数与事件的关联；VB 脚本函数与计划任务的关联。

（1）VB 脚本函数与事件的关联

如下操作为将按钮的相关事件与 VB 脚本函数进行关联。

操作 1：点击设备 PC–System_1 → HMI_RT_1 → 画面→添加新画面。

在新画面中执行如下操作。

操作 2：双击打开画面 1 →工具箱→元素→按钮。

图 5–48　重命名

至此，完成按钮的添加，如下面操作所示将按钮的单击事件关联到 VB 脚本函数，使得单击按钮时触发 VB 脚本函数。

操作 3：点击按钮→属性→事件→单击→添加函数→选择对应事件。

至此，完成 VB 脚本函数与事件的关联，如图 5–49 和图 5–50 所示。

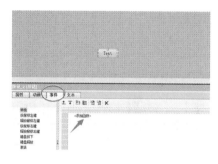

图 5–49　添加函数

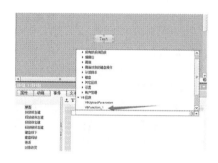

图 5–50　对应事件

如下案例用于测试 VB 脚本函数与事件的关联是否成功。通过点击按钮，触发 VB 脚本函数，并将返回值传送到 WinCC 界面中（由于 WinCC RT Advanced 版本的特殊性，因此使用 WinCC RT Advanced V15 演示）。

①新建 VB 脚本函数→右击 VB 脚本函数→选择属性→常规→类型→ Sub（Sub 类型：无返回值。Function：有返回值）。

②新建"文本域"，用于将返回值显示在文本域中，如图 5–51 所示。

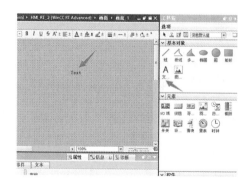

图 5–51　新建文本域

③新建"按钮",用于触发脚本函数（依次执行：上述操作 1 至操作 3，并关联触发函数），如图 5-52 所示。

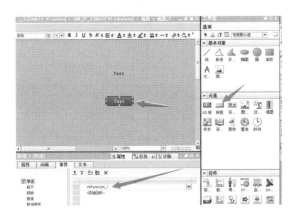

图 5-52 新建按钮

④在 VB 脚本函数中写入如下语句（图 5-53）。

注意：

a. "画面 _1"为添加的画面的名称；

b. "文本域 _1"为添加的文本域的名称。

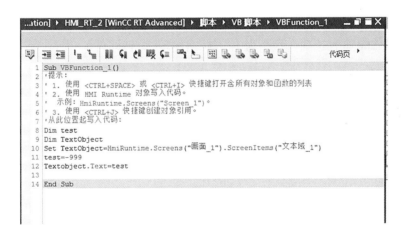

图 5-53 VB 脚本函数中写入语句

⑤设置成功后，先执行语法检查，再编译项目。编译完成后，点击在线→仿真→启动，出现仿真界面。点击按钮就会触发 VB 脚本函数，并在 VB 脚本中完成对界面文本域的赋值，因此点击按钮，查看文本域显示结果是否为 –999，相同则表示调用成功。

（2）VB 脚本函数与计划任务的关联

双击计划任务，出现计划任务列表，双击添加，选择类型为"函数列表"。点击要设置的计划任务名称，点击属性→事件→添加函数（VB 脚本函数），VB 脚本函数即与计划任务相关联，如图 5-54 所示。

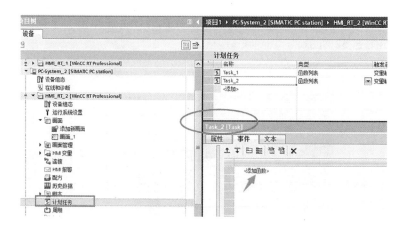

图 5-54　添加计划

2.3.4　计划任务

计划任务用于定时触发脚本函数（VB 脚本或者 C 脚本），达到循环执行脚本函数的目的。

操作：点击 PC–System_1 → HMI_RT_1 →计划任务→添加；点击 Task_1 →属性→事件→添加函数→设置返回值，此处返回值 result 与画面处返回值 result 要保持一致。

至此，计划任务添加完成，点击"触发器"，选择 500 毫秒，即表示每 500 毫秒循环执行一次函数，如图 5-55 所示（由于 WinCC RT Advanced 版本的特殊性，因此 VB 脚本可能没有 500 毫秒选项，最小为 1 分钟，选择 1 分钟即可）。

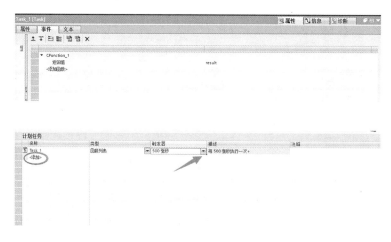

图 5-55　计划任务

2.3.5　编译项目

脚本函数编写完成后，点击如图 5-56 所示的语法检查按钮，查看函数中是否存在语法错误，如果存在，在编译窗口将会提示错误的具体位置，用于修改。

图 5-56　语法检查

语法检查通过后，执行如下操作，完成项目编译，如图 5-57 所示。右击 HMI_RT_1→编译→软件（全部重建）。

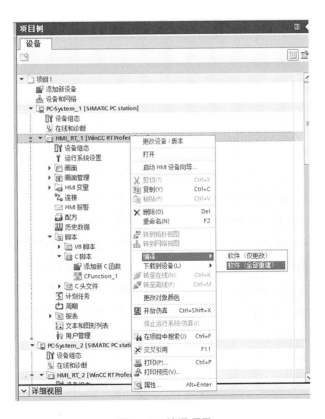

图 5-57　编译项目

编译完成后，在编译提示框中将会显示编译结果，如图 5–58 所示。

图 5–58　编译完成

3.4　任务评测

任务要求：

1. 新建并添加头文件；
2. C 脚本函数与事件的关联，C 脚本函数与计划任务的关联；
3. VB 脚本函数与事件的关联，VB 脚本函数与计划任务的关联；
4. 添加计划任务，编译项目。

任务 4　工业机器人人机交互系统集成应用实训

4.1　任务描述

本次实训工作任务内容如下：

1. 完成 WinCC 界面的绘制及变量链接，如图 5–59 所示；

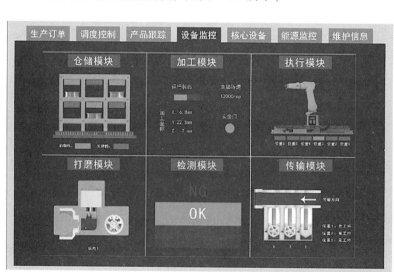

（a）

图 5–59　WinCC 界面

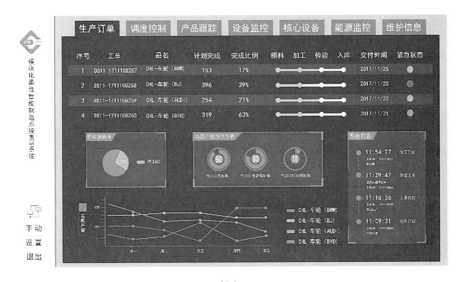

（b）

图 5-59（续）

2. 编写完整的 C 脚本和 VB 脚本，并添加计划任务，编译项目；

3. 完成 DS-11 远程监控终端的安装及设置，并在终端上监控工作站的运行情况。

4.2　知识准备

4.2.1 使用 C 脚本完成 MES 系统建设的准备工作

1. 放置 DLL 文件和头文件至目录

在 TIA Portal V15 和 WinCC 安装成功后，将华航唯实 DLL 文件和以".h"
为后缀的头文件以及支持 bool 的以".h"为后缀的头文件放置到如下安装目
录下（同一目录）。

（1）放置头文件——放置 ChlrobCommonHeader.h 文件至

安装目录下：…\Siemens\Automation\SCADA-RT_V11\WinCC\aplib

（2）放置头文件——放置 stdbool.h 文件至

安装目录下：…\Siemens\Automation\SCADA-RT_V11\WinCC\aplib

（3）放置 DLL 文件——放置 DS-11_WinCC_DLL.dll 文件至

安装目录下：…\Siemens\Automation\SCADA-RT_V11\WinCC\aplib

VB DLL 文
件的注册

2. 添加头文件到系统

（1）添加头文件到系统中

进入 TIA Portal V15 主界面，执行如下操作：

点击选项→设置→可视化→运行系统脚本→C 脚本的其他 INCLUDE 路径→搜索→
选择头文件 ChlrobCommonHeader.h 的位置→点击窗口右上角的"保存窗口设置"；至
此头文件添加成功，如图 5-60 所示。

（2）重启系统

头文件添加成功后必须重启 WinCC 软件（注意：每一次更改头文件位置，都需要重启 WinCC 后才生效）。关闭 TIA Portal V15，重新打开即可。

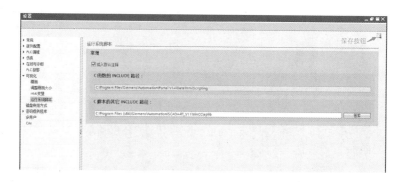

图 5-60　添加头文件

4.2.2　使用 VB 脚本完成 MES 系统建设的准备工作

1. 放置 VB DLL 文件至目录

在 TIA Portal V15 和 WinCC 安装成功后，将华航唯实 VB DLL 文件放置到如下安装目录下（由于 WinCC RT Advanced 版本的特殊性，因此使用 WinCC RT Advanced V15 演示）。

放置 DLL 文件——放置 DS_11_WinCC_DLL_VB.dll 文件至

安装目录下：…\Siemens\Automation\WinCC RT Advanced

2. 注册 VB DLL 文件

点击系统左下角搜索框，输入 cmd →右键点击"命令提示符"，选择以管理员身份运行→在命令提示符中输入 regsvr32 "安装目录 \VB DLL 文件名"→点击回车→提示注册成功。

示例：以安装在系统 C 盘下的 VB DLL 文件为例，在命令提示符中输入 regsvr32 "C：\Program Files (x86)\Siemens\Automation\WinCC RT Advanced\DS_11_WinCC_DLL_VB.dll"→点击回车→提示注册成功。（图 5‑61）

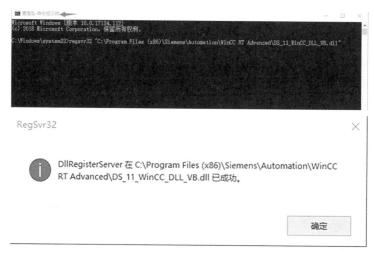

图 5-61　注册 VB DLL 文件

4.3　任务实施

4.3.1 在 WinCC 中添加监控变量

在 WinCC 中选择数控系统所需要监控的数据变量，并介绍变量查询方法。

1. 在 WinCC RT Professional 设备下，添加 HMI 变量，这些变量作为连接 HMI 界面与数控系统参数的桥梁。

需添加的 HMI 变量及其对应连接 CNC 地址如表 5–2 所示。

表 5–2　变量及对应地址

变量	地址查找路径
X 轴位置	Root/Objects/Sinumerik/Channel/MachineAxis/actToolBasePos
Y 轴位置	Root/Objects/Sinumerik/Channel/MachineAxis/actToolBasePos
Z 轴位置	Root/Objects/Sinumerik/Channel/MachineAxis/actToolBasePos
主轴转速	Root/Ob jects/Sinumerik/Nck/LogicalSpindle/actSpeed
红灯	Root/Objects/Sinumerik/Plc/Q
黄灯	Root/Objects/Sinumerik/Plc/Q
绿灯	Root/Objects/Sinumerik/Plc/Q

2. 变量实际上是从数控系统读取的，为了读取这些变量，需要提供一个数控系统的链接地址，来找到要读取的数值。

添加变量：单击项目树下已添加的设备 WinCC RT Professional，在其下的 HMI 变量选项中可找到变量表，在其中添加变量，如图 5‑62 所示。

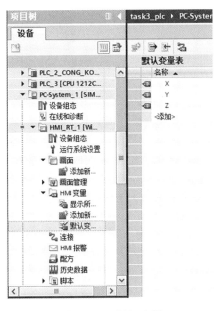

图 5‑62　添加变量

3.当 WinCC RT Professional 与数控系统链接在线时，可以在地址栏的下拉菜单中直接选择，更加方便。

（1）地址选择：需要为变量选择已经建立的 OPC UA 链接，如图 5‑63 所示。

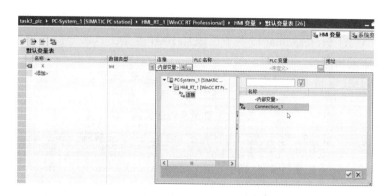

图 5‑63　查找 OPC UA 链接

（2）在 WinCC RT Professional 与 828D 数控机床连接在线的情况下，可直接选择链接地址，如图 5‑64 所示。

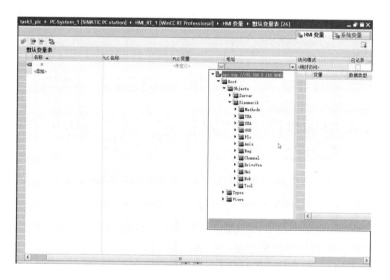

图 5‑64　地址选择

（3）由于三轴位置和主轴转速选择的变量实际是个数组，需要为其选择实际元素。X 轴位置对应 actToolBasePos 的第一个元素，Y 轴对应第二个，Z 轴对应第三个，主轴转速对应 actSpeed 变量的第四个元素。故添加完成后的地址如图 5‑65 所示。

图 5‑65　需要监控的变量

4. 数控系统的三色灯由数控系统自带的 PLC 控制，所以反映三色灯状态的变量地址只需链接数控系统 PLC 的对应 I/O 点。

链接地址直接选择数控机床自带 PLC 的变量，如图 5–66 所示。

图 5–66　选择变量

4.3.2　编辑 C 脚本

1. 完整示例程序

以下代码为完整的 C 脚本示例程序代码。

```
// 调用头文件
#include
"ChlrobCommonHeader.h" int
CFunction_1( )
{
//DLL 文件以及内部函数声明
#pragma code ("\aplib\DS-11_WinCC_DLL.dll");// 此处为 DLL 文件放置的绝对
地址，需要补全
int UploadWinCCParameter(int WebServiceArea, char* CompetitionCode, char*
SerialNumber, char* PassWord, ChlrobModule Parameter);
#pragma code();
int result = -999;// 默认错误码
int _webserviceArea = 2; //0：本地，2：远程
char* _competitionCode = "HHCS";// 竞赛编号
char* _serialNumber = "HHWS01";// 设备编号
char* _password = "123456";// 通信密码
ChlrobModule Parameter; // 定义 Parameter 结构体变量
//*************************** 结构体赋值 ***************************//
// 仓储模块
```

Parameter.Storage.Position_1 =

GetTagBit（"Position_1"）; Parameter.Storage.Position_2 =

GetTagBit（"Position_2"）; Parameter.Storage.Position_3 =

GetTagBit（"Position_3"）; Parameter.Storage.Position_4 =

GetTagBit（"Position_4"）; Parameter.Storage.Position_5 =

GetTagBit（"Position_5"）; Parameter.Storage.Position_6 =

GetTagBit（"Position_6"）;

// 加工模块

Parameter.CNC.CNCRedStatus = GetTagBit（"CNCRedStatus"）;

Parameter.CNC.CNCGreenStatus = GetTagBit（"CNCGreenStatus"）;

Parameter.CNC.CNCYellowStatus = GetTagBit（"CNCYellowStatus"）;

Parameter.CNC.Axis_X = GetTagSWord（"Axis_X"）;

Parameter.CNC.Axis_Y = GetTagSWord（"Axis_Y"）;

Parameter.CNC.Axis_Z = GetTagSWord（"Axis_Z"）;

Parameter.CNC.SpindleSpeed = GetTagSWord（"SpindleSpeed"）;

Parameter.CNC.FrontDoor = GetTagBit（"FrontDoor"）;

Parameter.CNC.BackDoor = GetTagBit（"BackDoor"）;

// 执行模块

Parameter.Execute.Location = GetTagSWord（"Location"）;

// 打磨模块

Parameter.Polish.PolishStatus = GetTagBit（"PolishStatus"）;

Parameter.Polish.RotateStatus = GetTagBit（"RotateStatus"）;

Parameter.Polish.ReverseStatus = GetTagBit（"ReverseStatus"）;

// 检测模块

Parameter.Detection.Status = GetTagSWord（"Status"）;

// 传输模块

Parameter.Transfer.Road_1 =

GetTagBit（"Road_1"）; Parameter.Transfer.Road_2 =

GetTagBit（"Road_2"）; Parameter.Transfer.Road_3 =

GetTagBit（"Road_3"）;

// 上传数据到远程

result = UploadWinCCParameter(_webserviceArea, _competitionCode, _serialNumber, _password, Parameter);

　return result;

}

2. 函数中使用头文件

C 脚本函数在使用 C 头文件之前，必须在 C 脚本函数全局区域通过 #include 指令引用 C 头文件。

示例：

// 调用头文件

include "ChlrobCommonHeader.h"

3.DLL 文件声明

要在 C 函数中使用 DLL 文件及其函数，需在该 C 函数中声明 DLL 文件及其函数。注意 DLL 文件位置需要补全完整路径。

示例：

//DLL 文件以及内部函数声明

#pragma code（"\aplib\DS-11_WinCC_DLL.dll"）;// 补全完整路径

int UploadWinCCParameter(int WebServiceArea, char* CompetitionCode, char* SerialNumber, char* PassWord, ChlrobModule Parameter);

#pragma code( );

4. 调用 DLL 文件

在 UploadWinCCParameter( ) 函数中，参数变量含义如下所示。

WebServiceArea：表示服务器所处位置，0 表示本地，2 表示远程。

CompetitionCode：表示竞赛编号，本地为用户自己设置，远程为华航唯实销售提供。

SerialNumber：表示设备编号，本地为用户自己设置，远程为华航唯实销售提供。

PassWord：表示通信密码，本地为用户自己设置，远程为华航唯实销售提供。

Parameter：表示需要上传的结构体变量。

示例：

int _webserviceArea = 2;//0：本地，2：远程

char* _competitionCode = "HHCS";// 竞赛编号

char* _serialNumber = "HHWS01";// 设备编号

char* _password = "123456";// 通信密码

ChlrobModule Parameter;// 定义 Parameter 结构体变量

其中，ChlrobModule 结构体为需要上传的参数数据类型，其定义在 "ChlrobCommonHeader.h" 中，为了保证待上传的参数的结构类型一致。因此，创建的用于连接 PLC 变量的 WinCC 变量类型必须与其数据类型保持一致，"ChlrobCommonHeader.h" 文件中定义的参数数据类型如下所示：

// 仓储模块

BOOL

Position_1; BOOL

Position_2; BOOL

Position_3; BOOL

Position_4; BOOL

Position_5; BOOL

Position_6;

// 加工模块

BOOL

CNCRedStatus; BOOL

CNCGreenStatus; BOOL

CNCYellowStatus; int

Axis_X;

int Axis_Y;

int Axis_Z;

int SpindleSpeed;

BOOL FrontDoor;

BOOL BackDoor;

// 执行模块

int Location;

// 打磨模块

BOOL PolishStatus;

BOOL RotateStatus;

BOOL ReverseStatus;

// 检测模块

int Status;

// 传输模块

BOOL Road_1;

BOOL Road_2;

BOOL Road_3;

结构体变量赋值，采用如下方式进行。

示例：

Parameter.Storage.Position_1 = GetTagBit（"Position_1"）;

Parameter.CNC.Axis_X = GetTagSWord（"Axis_X"）;

5. 调用函数及其返回值处理

函数调用结果，采用 return 语句传送到 WinCC 中，因此，首先需要在 WinCC 中定义一个接收的变量，其类型为 int 型，与 UploadWinCCParameter（) 函数的返回值保持一致。如下所示为调用 UploadWinCCParameter 函数以及返回 result 值。

示例：

result = UploadWinCCParameter(_webserviceArea, _competitionCode, _serialNumber, _password, Parameter);

   return result;

UploadWinCCParameter（) 函数的返回值含义如下所示，不同的返回值代表的含义不同，在 WinCC 界面的处理中，可以使用返回值，反映出调用的结果，比如当返回"-2001"时，表示设备编号不存在，因此需要检查 SerialNumber 是否为正确的；再比如，当返回"-9003"时，表示网络连接失败，则表示当前处于断网状态，因此可以将 C 脚本函数返回值与画面关联，使用文字或者图片来显示当前网络状况，达到智能化显示的目的。

/// 0，正常返回

/// -2000，查找设备编号是否存在，出现错误

/// -2001，设备编号不存在，或者设备编号参数错误

/// -2002，上传竞赛参数时，出现错误

/// -2003，查找竞赛是否存在，出现错误

/// -2004，竞赛不存在，竞赛已经结束

/// -2005，查找设备是否报名竞赛，出现错误

/// -2006，设备未报名竞赛

/// -2007，上传参数时出错

/// -2100，上传参数时，参数内容有误

/// -2200，上传参数时，出现其他错误

/// -9000，dll 文件初始化失败

/// -9001，socket 版本不符合

/// -9002，无法将域名转换成 IP 地址

/// -9003，网络连接失败

/// -9004，消息发送失败

/// -9005，接收超时

/// -9006，接收到错误的状态码

6. 编译

C 脚本编辑完成后，依次进行脚本语法检查、编译，如图 5－67 所示。

编译完成后，设置计划任务与此 C 脚本函数关联，并将计划任务的"触发器"设置为 500 毫秒，达到循环触发的目的。

计划任务设置完成后，运行仿真即可通过 PAD 端查看上传的数据。

图 5–67 编译 C 脚本

4.3.3 编辑 VB 脚本

1. 完整示例程序

以下代码为完整的 VB 脚本示例程序代码：

```
Sub UploadWinCCParameter( )
```

```
Dim Parameter' 声明 Dictionary 对象
Dim Communication' 声明通信模块对象
Dim WebServiceArea' 声明服务器变量
Dim CompetitionCode' 声明竞赛编号变量
Dim SerialNumber' 声明设备编号变量
Dim PassWord' 声明通信密码变量
Dim TextObject' 声明 WinCC 界面对象
Dim Cycle' 声明循环次数
Dim MaxCycle' 声明最大循环次数
WebServiceArea=2'0 表示本地, 2 表示远程
CompetitionCode= "HHCS" '竞赛编号
SerialNumber= "HHWS01" '设备编号
PassWord= "123456" '通信密码
MaxCycle=3000000' 最大循环次数, 执行时间大约 0.5 秒, 具体执行时间与执行
函数的复杂度相关
While 1=1
Cycle=Cycle+1
  If Cycle =
MaxCycle Then Cycle=0'
循环重置
Set Parameter=CreateObject( "Scripting.Dictionary" )' 创建 Dictionary 对象
Set Communication=CreateObject( "DS_11_WinCC_DLL_VB.Communication" )'
创建通信模块对象
Set TextObject = HmiRuntime.Screens( "画面 _1" ).ScreenItems( "文本域 _1" )'
创建文本域对象 '--------------------Dictionary 变量赋值 --------------------------
' 仓储模块
Parameter.Add                          "Storage.Position_1" ,
SmartTags( "Position_1" ).Value Parameter.Add    "Storage.Position_2" ,
SmartTags( "Position_2" ).Value Parameter.Add    "Storage.Position_3" ,
SmartTags( "Position_3" ).Value Parameter.Add    "Storage.Position_4" ,
SmartTags( "Position_4" ).Value Parameter.Add    "Storage.Position_5" ,
SmartTags( "Position_5" ).Value Parameter.Add    "Storage.Position_6" ,
SmartTags( "Position_6" ).Value' 加工模块
Parameter.Add "CNC.CNCRedStatus" , SmartTags( "CNCRedStatus" ).Value
Parameter.Add "CNC.CNCGreenStatus" , SmartTags( "CNCGreenStatus" ).Value
Parameter.Add "CNC.CNCYellowStatus" , SmartTags( "CNCYellowStatus" ).Value
Parameter.Add "CNC.Axis_X" ,
SmartTags( "Axis_X" ).Value
Parameter.Add  "CNC.Axis_Y" ,
SmartTags( "Axis_Y" ).Value
```

```
Parameter.Add "CNC.Axis_Z",
SmartTags("Axis_Z").Value
Parameter.Add "CNC.SpindleSpeed", SmartTags("SpindleSpeed").Value
Parameter.Add "CNC.FrontDoor", SmartTags("FrontDoor").Value
Parameter.Add "CNC.BackDoor", SmartTags("BackDoor").Value
'执行模块
Parameter.Add "Execute.Location", SmartTags("Location").Value
'打磨模块
Parameter.Add "Polish.PolishStatus", SmartTags("PolishStatus").Value
Parameter.Add "Polish.RotateStatus", SmartTags("RotateStatus").Value
Parameter.Add "Polish.ReverseStatus", SmartTags("ReverseStatus").Value
'检测模块
Parameter.Add "Detection.Status",
SmartTags("Status").Value
'传输模块
Parameter.Add "Transfer.Road_1",
SmartTags("Road_1").Value Parameter.Add "Transfer.Road_2",
SmartTags("Road_2").Value Parameter.Add "Transfer.Road_3",
SmartTags("Road_3").Value
'上传数据到远程
TextObject.Text=Communication.UploadWinCCParameter(CInt(WebServiceArea),CStr(CompetitionCode),CStr(SerialNumber),CStr(PassWord),
Parameter)
End If
Wend
End Sub
```

2. 函数中变量声明

在用户自定义 VB 函数中对 VB 变量进行声明。

示例：

```
Dim Parameter '声明 Dictionary 对象
Dim Communication '声明通信模块对象
Dim WebServiceArea '声明服务器变量
Dim CompetitionCode '声明竞赛编号变量
Dim SerialNumber '声明设备编号变量
Dim PassWord '声明通信密码变量
Dim TextObject '声明 WinCC 界面对象
Dim Cycle '声明循环次数
Dim MaxCycle '声明最大循环次数
```

3.VB 函数类型

VB 函数分为以下两种：

Function 类型——具有返回值；

Sub 类型——不具有返回值。

操作：展开 VB 脚本→右击"VB 函数"→属性→常规→类型→选择"Sub"，如图 5-68 所示。

图 5-68　VB 函数类型

4. 创建对象

示例：

Set Parameter=CreateObject("Scripting.Dictionary")' 创建 Dictionary 对象

Set Communication=CreateObject("DS_11_WinCC_DLL_VB.Communication")' 创建通信模块对象

Set TextObject = HmiRuntime.Screens("画面_1").ScreenItems("文本域_1")' 创建文本域对象

5. 变量赋值

在 UploadWinCCParameter( ) 函数中，参数变量含义如下所示。

WebServiceArea：表示服务器所处位置，0 表示本地，2 表示远程。

CompetitionCode：表示竞赛编号，本地为用户自己设置，远程为华航唯实销售提供。

SerialNumber：表示设备编号，本地为用户自己设置，远程为华航唯实销售提供。

PassWord：表示通信密码，本地为用户自己设置，远程为华航唯实销售提供。

Parameter：表示需要上传的 Dictionary 变量。

示例：

WebServiceArea=2'0 表示本地，2 表示远程

CompetitionCode= "HHCS" '竞赛编号

SerialNumber= "HHWS01" '设备编号

PassWord= "123456" '通信密码

在 UploadWinCCParameter( ) 函数中 Parameter 为需要上传的参数，对于其接收的数据类型必须与 DLL 文件中的数据类型保存一致。因此，创建的用于连接 PLC 变量的 WinCC 变量类型必须与其数据类型保持一致，DLL 文件中关于 Parameter 的参数数据类型如下所示：

```
// 仓储模块
BOOL
Storage.Position_1; BOOL
Storage.Position_2; BOOL
Storage.Position_3; BOOL
Storage.Position_4; BOOL
Storage.Position_5; BOOL
Storage.Position_6;
// 加工模块
BOOL
CNC.CNCRedStatus; BOOL
CNC.CNCGreenStatus; BOOL
CNC.CNCYellowStatus;
int CNC.Axis_X;
int CNC.Axis_Y;
int CNC.Axis_Z;
int CNC.SpindleSpeed;
BOOL CNC.FrontDoor;
BOOL CNC.BackDoor;
// 执行模块
int Execute.Location;
// 打磨模块
BOOL Polish.PolishStatus;
BOOL Polish.RotateStatus;
BOOL Polish.ReverseStatus;
// 检测模块
int Detection.Status;
// 传输模块
BOOL Transfer.Road_1;
BOOL Transfer.Road_2;
BOOL Transfer.Road_3;
```

Dictionary 对象赋值，采用如下方式进行。

示例：

Parameter.Add "Storage.Position_1", SmartTags("Position_1").Value

Parameter.Add "CNC.Axis_X", SmartTags("Axis_X").Value

6. 控制语句

While…Wend 结构以及 If…Then…End If 结构为脚本语句中常见的控制语句。

如下示例通过恒等关系（1=1）实现死循环。

示例：

While 1=1

'此处插入实现功能函数 Wend

如下示例通过判断变量大小是否大于比较值，大于比较值后，执行 Then 后的语句。

示例：

Dim x '声明

变量 x = 4'

变量赋值 If x > 2 Then

'此处插入实现功能函数

End If

由于 WinCCRTAdvanced 版本的特殊性，计划任务中可以选择的最小周期为 1 分钟，不能满足实时监控的需求，因此采用如下方式间接实现 0.5 秒的循环执行。当将循环次数设置为"3 000 000"时，执行时间大约为 0.5 秒，具体执行时间与执行函数的复杂度相关。

示例：

Dim Cycle '声明循环次数

Dim MaxCycle '声明最大循环次数

MaxCycle=3 000 000'最大循环次数，执行时间大约 0.5 秒，具体执行时间与执行函数的复杂度相关 While 1=1

Cycle=Cycle+1

If Cycle = MaxCycle Then

　　Cycle = 0'循环重置

'此处插入实现功能函数

End If

Wend

7. 调用函数及其返回值处理

如下示例完成对 DLL 文件中的通信函数 Communication.UploadWinCCParameter( )调用，并且将返回值传送到 TextObject 对象的 Text 属性，Text 属性表示文本域的内容，因此通过示例可以完成上传数据到远程，并且将上传结果显示在文本域中。

示例：

TextObject.Text=Communication.UploadWinCCParameter(CInt(WebServiceArea),CStr（CompetitionCode）,C Str（SerialNumber）,CStr（PassWord）,Parameter）

Communication.UploadWinCCParameter( ) 函数的返回值含义如下所示，不同的返回值代表的含义不同，在 WinCC 界面的处理中，可以使用返回值反映出调用的结果。比如当返回 "-2001" 时，表示设备编号不存在，因此，需要检查 SerialNumber 是否为正确的；再比如，当返回 "-9003" 时，表示网络连接失败，则表示当前处于断网状态，因此可以将 VB 脚本函数返回值与画面关联，使用文字或者图片来显示当前网络状况，达到智能化显示的目的。

/// 0，正常返回

/// -2000，查找设备编号是否存在，出现错误

/// -2001，设备编号不存在，或者设备编号参数错误

/// -2002，上传竞赛参数时，出现错误

/// -2003，查找竞赛是否存在，出现错误

/// -2004，竞赛不存在，竞赛已经结束

/// -2005，查找设备是否报名竞赛，出现错误

/// -2006，设备未报名竞赛

/// -2007，上传参数时出错

/// -2100，上传参数时，参数内容有误

/// -2200，上传参数时，出现其他错误

/// -9003，网络连接失败

/// -9005，接收超时

/// -9006，接收到错误的状态码

8. 编译

VB 脚本编辑完成后，依次进行脚本语法检查、编译，如图 5-69 所示。

图 5-69　编译 VB 脚本

编译完成后，设置计划任务与此 VB 脚本函数关联，并将计划任务的"触发器"设置为一次，用于第一次触发 VB 脚本，VB 脚本中 while 循环将会在函数内部实现 0.5 s 定时触发通信函数。

计划任务设置完成后，运行仿真即可通过 PAD 端查看上传的数据。

4.3.4　DS-11 远程监控终端 APP

1. 基本介绍

DS-11 远程监控终端 APP，是一款用于实时监控 DS-11 设备运行状态的软件。

监控区域包括：仓储模块、加工模块、打磨模块、检测模块、执行模块以及传输模块。

2. 设备设置

（1）APP 安装成功后，可以看到桌面名为"DS-11 远程监控…"的图标，如图 5-70 所示。打开 APP 后，如图 5-71 所示。

图 5-70　手机桌面图标　　　　图 5-71　软件首页

（2）在监控之前，首先需要配置设备信息，点击右上角设置图标，可以看到图 5-72 所示的设置界面，主要设置 3 个区域：服务器、竞赛列表、更新。

（3）服务器：数据存储区域，默认选项是"远程 - 未登录"。可根据实际服务器地址选择本地或者远程。如图 5-73 所示，调试以及手动为保留区域，请勿点击。

图 5-72　设置界面　　　　图 5-73　服务器界面

在服务器界面，显示"当前设备：未登录"。点击"未登录"，进入设备登录界面，输入设备编号、密码，点击登录按钮，成功登录后跳转到服务器界面，显示"当前设备：设备名称"。（图 5-74）

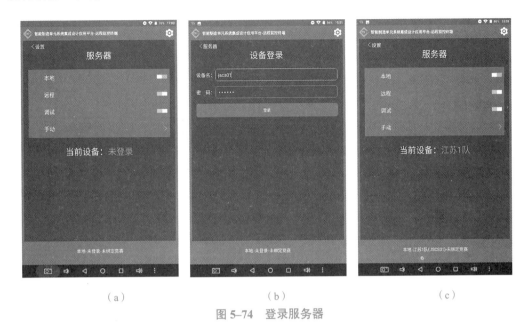

图 5-74　登录服务器

（4）竞赛列表：选择想要获取数据的竞赛，默认选项是"请绑定竞赛"。点击进入竞赛列表，可看到该设备参加的所有竞赛。（图 5-75）

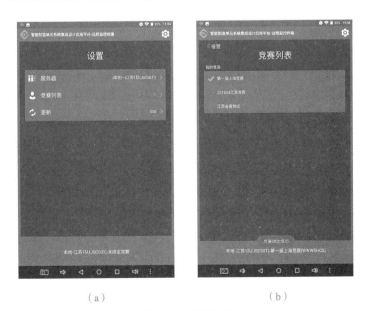

图 5-75　竞赛列表

（5）更新：设置数据更新周期，默认值是 500，默认单位为毫秒。即每 500 毫秒下载并更新一次数据。（图 5-76）

（a） （b）

图 5-76 更新设置

（6）如下所示为配置一个服务器为本地（远程需配置服务器为远程，其余操作与本地一致）的配置流程。

①配置服务器：进入设置界面→点击服务器→点击本地。

②配置设备：进入设置界面→点击服务器→点击"未登录"→输入设备编号、密码→点击登录，登录成功后跳转到服务器界面，显示"当前设备：江苏 1 队"。

③绑定竞赛：进入设置界面→点击竞赛列表→选择"第一届上海竞赛"，提示竞赛绑定成功，点击返回按钮返回设置界面即可。

④配置更新：（如果当前更新周期为 500，此步骤可省略，否则按照如下操作）进入设置界面→点击更新→点击周期→输入 500→点击加入→重新执行步骤 3。

至此，完成设备设置，设置完成。回到主界面可以看到网络图标为联网状态，如图5-77 所示（注意：联网状态图标代表 PAD 端的网络正常，并不代表当前 PAD 处于数据传输状态）。如果显示为断网状态，或者弹出错误信息，请检查 PAD 所连网络是否正常，并重复第 1～3 步配置设备操作；仍无效，重启 PAD 设备，再次完成设备设置操作步骤 1～3；仍无效，请联系华航销售人员。

注意：当 APP 出现如下情况，必须重新配置设备，即重复设备配置流程步骤 2～4。

情况一：断网状态，需执行步骤 1～3。

情况二：切换服务器地址。

情况三：设备未登录状态下绑定竞赛，会跳转到登录界面。

情况四：刷新周期的变更，执行步骤 3。

3. 监控区域

DS-11 远程监控终端 APP，目前可以监控如下 6 个模块：仓储模块、加工模块、打磨模块、检测模块、执行模块以及传输模块。

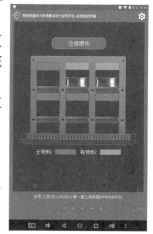

图 5-77 联网后的主界面（主界面为仓储模块）

（1）仓储模块

如图 5-78 所示，该仓储模块显示了 6 个位置，标记仓储模块是否有物料。红色表示当前位置无物料，绿色表示当前位置有物料，默认值为绿色。

（2）加工模块

如图 5-79 所示，加工模块主要显示当前 CNC 设备运行状态、坐标、主轴转速以及前后安全门状态等信息。

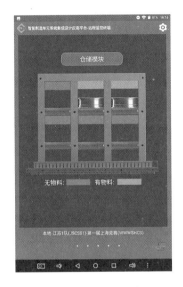

图 5-78　仓储模块　　　　　图 5-79　加工模块

CNC 设备运行状态：3 种状态，红色，绿色，黄色；红色表示报警，绿色表示自动运行，黄色表示默认或者其他状态；默认值为黄色。

坐标：表示铣刀 X、Y、Z 三轴坐标值；单位为 mm；默认值为 X-0 mm，Y-0 mm，Z-0 mm，取值范围"-99999 ～ 99999"。

主轴转速：当前主轴转速，单位为百转每分钟，默认值为 0 rpm，取值范围"-30000 ～ 30000"。

前后安全门状态：2 种状态，红色，绿色。红色表示当前为打开，绿色表示当前为关闭状态；默认值为绿色。

（3）打磨模块

如图 5-80 所示，打磨模块用于显示当前打磨状态。

（4）检测模块

如图 5-81 所示，检测模块用于显示当前工件是否符合标准。包括 3 种状态，红色 NG 检测未通过，绿色 OK 检测通过，灰色未检测或者等待检测。取值范围"0 ～ 2"，红色 NG-0；绿色 OK-1；灰色未检测 -2；默认值灰色。

（5）执行模块

如图 5-82 所示，执行模块用于显示机器人的当前位置信息；右侧为起点，单位为 mm，取值范围"0 ～ 764"；默认值 0 mm。

（6）传输模块

如图 5-83 所示，传输模块用于显示当前位置是否有轮毂，右侧为起点；默认值无轮毂。

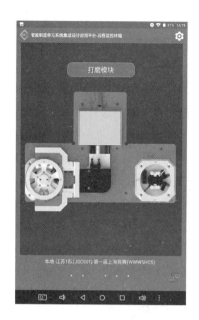

图 5-80　打磨模块

图 5-81　检测模块

图 5-82　执行模块

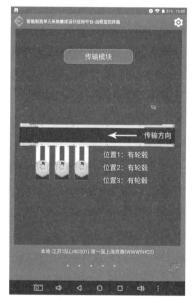

图 5-83　传输模块

4.4　任务评测

任务要求：

1. 完成 WinCC 界面的绘制及变量链接；
2. 编写完整的 C 脚本和 VB 脚本，并添加计划任务，编译项目；
3. 完成 DS-11 远程监控终端的安装及设置，并在终端上监控工作站的运行情况。

项目6 智能制造单元集成应用平台综合拓展实训

 任务1 汽车轮毂简单排序综合实训

1.1 任务描述

在已经明确各料仓中轮毂编号的基础上，对仓储单元中随机放入的四个轮毂零件进行调整，要求轮毂背面二维码数值与其仓位编号一致。本任务是在完成项目4中任务4的基础上进行的。

1.2 知识准备

1.2.1 排序总述

排序算法分为两大类。

第一类非线性时间比较类排序：通过比较来决定元素间的相对次序，由于其时间复杂度不能突破 O(nlogn)，因此称为非线性时间比较类排序。

第二类线性时间非比较类排序：不通过比较来决定元素间的相对次序，它可以突破基于比较排序的时间下界，以线性时间运行，因此称为线性时间非比较类排序。

各种算法如表6-1所示，表中名词解释如下。

（1）稳定：如果 a 原本在 b 前面，而 $a=b$，排序之后 a 仍然在 b 的前面。

（2）不稳定：如果 a 原本在 b 的前面，而 $a=b$，排序之后 a 可能会出现在 b 的后面。

（3）时间复杂度：对排序数据的总的操作次数。反映当 n 变化时，操作次数呈现什么规律。

（4）空间复杂度：是指算法执行时所需存储空间的容量，它也是数据规模 n 的函数。在仓储单元中也可理解为仓位数。

在仓储排序时，空间复杂度是主要的选择依据，其次为时间复杂度。

表 6-1 各种算法比较

排序方法	时间复杂度（平均）	时间复杂度（最坏）	时间复杂度（最好）	空间复杂度	稳定性
插入排序	$O(n^2)$	$O(n^2)$	$O(n)$	$O(1)$	稳定
希尔排序	$O(n^{1.3})$	$O(n^2)$	$O(n)$	$O(1)$	不稳定
选择排序	$O(n^2)$	$O(n^2)$	$O(n^2)$	$O(1)$	稳定
堆排序	$O(n\log_2 n)$	$O(n\log_2 n)$	$O(n\log_2 n)$	$O(1)$	不稳定
冒泡排序	$O(n^2)$	$O(n^2)$	$O(n)$	$O(1)$	稳定
快速排序	$O(n\log_2 n)$	$O(n^2)$	$O(n\log_2 n)$	$O(n\log_2 n)$	不稳定
归并排序	$O(n\log_2 n)$	$O(n\log_2 n)$	$O(n\log_2 n)$	$O(n)$	稳定
计数排序	$O(n+k)$	$O(n+k)$	$O(n+k)$	$O(n+k)$	稳定
桶排序	$O(n+k)$	$O(n^2)$	$O(n)$	$O(n+k)$	稳定
基数排序	$O(n*k)$	$O(n*k)$	$O(n*k)$	$O(n+k)$	稳定

1.2.2 算法解读

1. 冒泡排序

（1）什么是冒泡

冒泡排序是一种简单的排序算法。它重复地走访过要排序的数列，一次比较两个元素，如果它们的顺序错误就把它们交换过来。走访数列的工作是重复地进行直到不需要交换，也就是说该数列已经排序完成。这个算法的名字由来是因为数值小的元素会经由交换慢慢"浮"到数列的顶端。

（2）算法描述

①比较相邻的元素，如果前者比后者大，就交换它们两个。

②对每一对相邻元素做同样的工作，从开始第一对到结尾的最后一对，这样在最后的元素应该会是最大的数。

③针对所有的元素重复以上的步骤，除了最后一个。

④重复步骤①~③，直到排序完成。

（3）算法拓展

在比较相邻元素时，也可以将交换相邻元素的条件变为：前者比后者小。这样我们会得到一列由大到小排列的元素。

（4）冒泡排序法举例（图 6-1）

2. 插入排序

（1）什么是插入

插入排序的算法描述的是一种简单直观的排序算法。它的工作原理是通过构建有序序列，对于未排序数据在已排序序列中从后向前扫描，找到相应位置并插入。

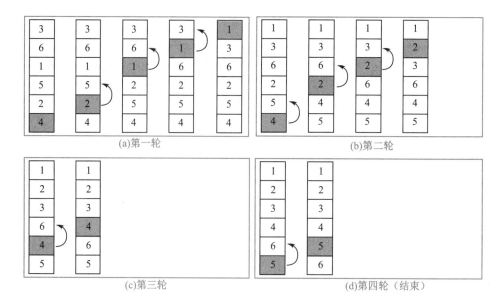

(a)第一轮   (b)第二轮

(c)第三轮   (d)第四轮（结束）

图 6-1 冒泡排序法举例

（2）算法描述

一般来说，插入排序都采用 in-place 在数组上实现，具体算法描述如下。

①从第一个元素开始，该元素可以认为已经被排序。

②取出下一个元素，在已经排序的元素序列中从后向前扫描。

③如果该元素（已排序）大于新元素，将该元素移到下一个位置。

④重复步骤③，直到找到已排序的元素小于或者等于新元素的位置。

⑤将新元素插入到该位置后。

⑥重复步骤②～⑤。

（3）算法分析

插入排序通常只需用到 $O(1)$ 的额外空间的排序，因而在从后向前扫描的过程中，需要反复把已排序元素逐步向后挪位，为最新元素提供插入空间。

（4）插入排序法举例（图 6-2）

3. 希尔排序

（1）什么是希尔排序

希尔排序也叫缩小增量排序，是插入排序的一种更高效的改进版本。希尔排序是不稳定的排序算法。

（2）算法描述

①先将整个待排序的记录序列分割成为若干子序列分别进行直接插入排序。

②选择一个增量序数 t_1，t_2，…，其中 $t_i > t_j$，$t_k=1$。

③按增量序列个数 k，对序列进行 k 趟排序。

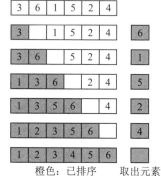

图 6-2 插入排序法举例

④每趟排序，根据对应的增量 t_i，将待排序列分割成若干长度为 m 的子序列，分别对各子表进行直接插入排序。仅增量因子为 1 时，整个序列作为一个表来处理，表长度

即为整个序列的长度。

（3）算法分析

假设有一个很小的数据在一个已按升序排好序的数组的末端，如果用复杂度为 $O(n^2)$ 的排序（冒泡排序或直接插入排序），可能会进行 n 次的比较和交换才能将该数据移至正确位置。而希尔排序会用较大的步长移动数据，所以小数据只需进行少数比较和交换即可到正确位置。

（4）希尔排序法举例（图6–3）

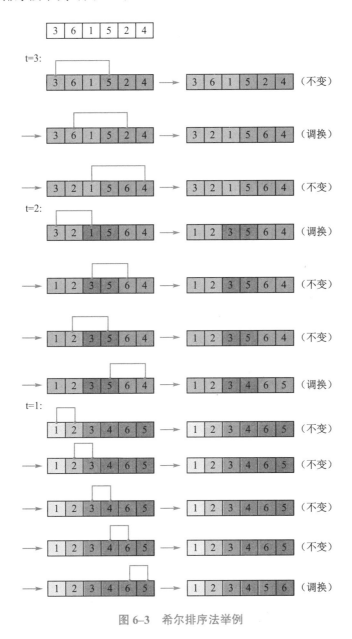

图6–3 希尔排序法举例

4. 选择排序

（1）什么是选择排序

选择排序是一种简单直观的排序算法。首先在未排序序列中找到最小（大）元素，存放到排序序列的起始位置，然后再从剩余未排序元素中继续寻找最小（大）元素，放到已排序序列的末尾。以此类推，直到所有元素均排序完毕。

（2）算法描述

①初始状态：无序区为 $R[1..n]$，有序区为空。

②第 i 次排序（$i=1, 2, 3, \cdots, n-1$）开始时，当前有序区和无序区分别为 $R[1..i-1]$ 和 $R(i..n)$. 该趟排序从当前无序区中选出关键字最小的记录 $R[k]$，将它与无序区的第 1 个记录 R 交换，使 $R[1..i]$ 和 $R[i+1..n)$ 分别变为记录个数增加 1 个的新有序区和记录个数减少 1 个的新无序区。

③$n-1$ 次结束后，数组变为有序化。

（3）算法分析

选择排序是最稳定的排序算法之一，因为无论什么数据进去都是 $O(n^2)$ 的时间复杂度，所以数据规模越小选择排序优势越突出。其特点在于不占用额外的内存空间。

（4）选择排序法举例（图 6-4）

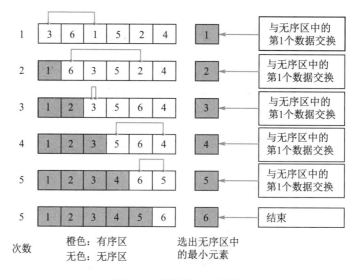

图 6-4　选择排序法举例

1.3　任务实施

1.3.1　功能划分

完成该排序任务的过程，主要由机器人根据某一排序算法进行计算，然后通过 PLC 控制仓储单元完成排序操作，如图 6-5 所示。

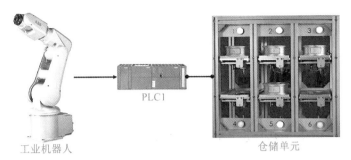

图 6–5　任务设备

1. 工业机器人

与轮毂二维码检测相同，作为本任务的"司令员"，完成排序的"纲目"依然由机器人掌握。机器人需要统筹规划发送给"下属"（仓储单元）指令的时机，以保证排序流程的准确实施。

2. 仓储单元

可根据机器人发送的弹出仓位信号，弹出或缩回指定仓位。该功能的实现可参考项目 2 中改进后的取 / 放料程序。

1.3.2　排序流程

排序流程如图 6–6 所示。

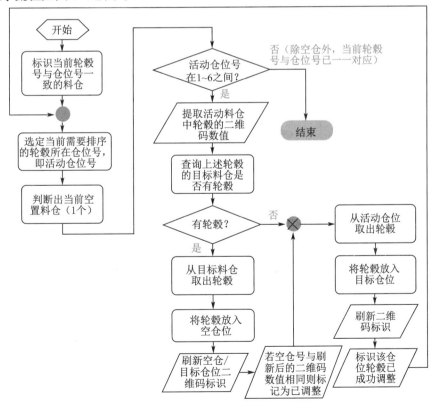

图 6–6　排序流程

1.3.3　机器人编程

1. 由排序流程可以知道，机器人需要标识当前仓位号与轮毂号相等的料仓，以避免在后续调整顺序时重复调整。即在当前轮毂二维码检测的基础上，我们可以借助一维数组 StorageMark{6}（新建于项目 2 的任务 4，后称仓位标识数组）来标识当前料仓编号是否已经与轮毂号一致，如下所示：

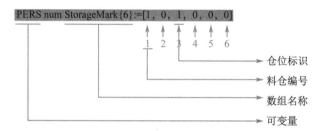

示例中，意为 1、3 号料仓的编号与其中的轮毂背面二维码一致，其余料仓则不一致或料仓中无轮毂存放。

另外，我们需要新建两个变量，如 EmptyStorage（记录空仓位编号）和 NumCode（暂存轮毂的二维码数值），具体应用详见后续编程。

2. 信号、变量初始化

初始化编程方式可参见项目 4 的任务 4 初始化程序。

3. 仓位标识

仓位标识的功能即将料仓编号与轮毂二维码数值一致的仓位标识为 1。

```
A    NumStorage := 0;
     WHILE NumStorage < 6 DO
         Incr NumStorage;
B        IF StorageQRcode{NumStorage} = NumStorage THEN
C            StorageMark{NumStorage} := 1;
         ENDIF
     ENDWHILE
```

（1）A：本段程序利用 WHILE（A）循环，借助于变量"NumStorage"依次将各个料仓编号与轮毂编号进行对比。

（2）B：判定条件。其中 NumStorage 即为当前活动料仓，"StorageQRcode{NumStorage}"即为当前活动料仓中存放轮毂的二维码数值。

（3）C：执行步骤。当满足判定条件时，将活动仓位标识为"1"。

4. 选定活动仓位

活动仓位，即当前需要排序的仓位。活动仓位编号存于 NumStorage 变量中。活动仓位的选定需要满足两个条件：①料仓有料；②仓位未被标识为"1"（即：仓位编号与轮毂二维码数值不一致）。

考虑该段程序需要依次判断出全部的活动仓位，因此可以利用选定条件的相反事件来使活动仓位编号 NumStorage 自动变化。

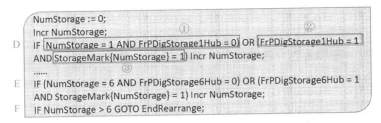

（1）D：对1号料仓进行判定，当①（料仓无轮毂）或②、③（料仓有轮毂但该仓位已被标识）满足时，仓位编号自动增至2号。

（2）当①或②、③条件不满足时，则D到E的程序均不执行，此时NumStorage= 1，即当前1号料仓需要进行顺序调整。其他程序均可参照D段程序进行编制。

（3）F：当判断出的仓位号大于6时，意为6个仓位都不满足条件，则结束顺序调整。

5. 变量值提取

变量值的提取主要包括两个变量：NumCode 和 EmptyStorage。

（1）活动料仓的二维码数值变量 NumCode

G　NumCode := StorageQRcode{NumStorage};

轮毂经过二维码检测后，各料仓二维码数值存储于数组 StorageQRcode{6} 中，我们可以通过赋值指令将活动仓位的二维码数值提取至变量 NumCode。

（2）空仓编号 EmptyStorage

根据排序流程可知，空仓的作用主要是排序过程中的中转仓。其判断可以通过机器人的料仓检知信号 "FrPDigStorage1Hub~FrPDigStorage6Hub" 的状态而定。

H　IF FrPDigStorage6Hub = 0 EmptyStorage := 6;
　……
I　IF FrPDigStorage1Hub = 0 EmptyStorage := 1;

（3）H：当6号料仓的检知信号为0时，即判定6号料仓为空料仓，变量 EmptyStorage 值赋为6。

提示：执行 H~I 的程序段后，EmptyStorage 总为空仓中编号较小的数值。

6. 顺序调整条件判定

该判定条件主要为确定目标料仓中是否有料，根据此情况的不同分别执行不同的调整动作。

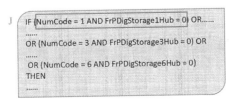

如J段程序所示，当二维码数值为1时，即其目标仓位为1号料仓。如果此时1号料仓的产品检知信号 "FrPDigStorage1Hub" 状态为0，即料仓无料，则满足该判定条件。同理，2~6号目标料仓的判定方式与1号料仓相同。

7. 目标料仓无料的顺序调整

调整步骤主要分为 4 步。

（1）从活动仓位取出轮毂。取料程序可参考轮毂二维码检测时的取 / 放料程序。

```
PGetHubSort NumStorage;
```

（2）将轮毂放入目标仓位。

```
PPutHubSort NumCode;
```

（3）刷新二维码标识。该过程分为两部分：其一，将活动仓位的二维码数标记为 0（无料）；其二，将已提取出的二维码数值赋值给目标仓位。

```
StorageQRcode{NumStorage} := 0;
StorageQRcode{NumCode} := NumCode;
```

（4）标识该仓位轮毂已成功调整。

```
StorageMark{NumCode} := 1;
```

8. 目标料仓有料的顺序调整

该调整的目的在于将目标料仓腾空，然后再转至"目标料仓无料的顺序调整"过程，具体步骤如下。

（1）从目标仓位取出轮毂。

```
PGetHubSort NumCode;
```

（2）将轮毂放入空仓位。

```
PPutHubSort EmptyStorage;
```

（3）刷新二维码标识。该过程亦分为两部分：

其一，先将目标仓位的二维码数值赋给空仓位的二维码值；

其二，再将目标仓位的二维码数标记为 0（无料）。

```
StorageQRcode{EmptyStorage} :=StorageQRcode{NumCode} ;StorageQRcode{NumCode} :=0;
```

（4）空仓调整标识。若当前空仓号与二维码数值相等，则标识为成功调整。

```
IF EmptyStorage = torageQRcode{EmptyStorage} StorageMark{EmptyStorage} := 1;
```

9. 顺序调整架构

经过上述基本 Rapid 程序的编制，每部分程序均可以实现一定的功能。作为顺序调整的案例程序"PRearrange"，其编制要点主要在于循环触发。

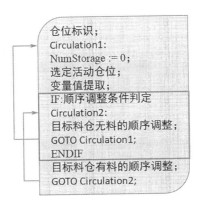

```
仓位标识；
Circulation1:
  NumStorage := 0；
  选定活动仓位；
  变量值提取；
IF:顺序调整条件判定
Circulation2:
  目标料仓无料的顺序调整；
  GOTO Circulation1；
ENDIF
目标料仓有料的顺序调整；
GOTO Circulation2；
```

1.3.4　排序验证

排序之后，可查看数组 StorageQRcode{6} 中存储的二维码数值，是否与其仓位号对应相等，已验证排序的准确性，如图 6-7 所示。

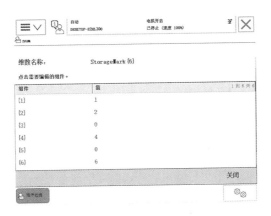

图 6-7　排序验证

1.4　任务评测

任务要求：

1. 对仓储单元中放入的四个轮毂零件进行调整，要求轮毂背面二维码数值与其仓位编号一致，轮毂放置如图 6-8 所示；

2. 排序方法不限；

3. 不可以使用打磨单元、加工单元、分拣单元作为排序的过渡单元。

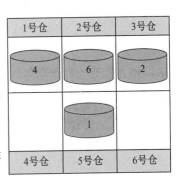

1号仓	2号仓	3号仓
4	6	2
	1	
4号仓	5号仓	6号仓

图 6-8　轮毂放置图

任务 2　汽车轮毂复杂排序综合实训

2.1　任务描述

在已经明确各料仓轮毂正面状态的基础上，对仓储单元中随机放入的五个轮毂零件进行排序。每个仓位只存放一个轮毂，优先条件如下：

批量化生产
自动化流程

1. 先看背面二维码的数值大小，数值小比数值大的优先级别高，仓位的摆放顺序是从小到大；

2. 如果二维码数值大小相同，则看视觉检测区域 1 的颜色，绿色比红色的优先级别高，仓位摆放顺序不变；

3. 如果视觉检测区域 1 的颜色还相同，最后看视觉检测区域 2 的颜色，红色比绿色的优先级别高，仓位摆放顺序不变。

2.2　任务准备

2.2.1　明确流程

由任务可知，机器人在检测单元需要完成 3 个区域的检测。也就是说机器人需要携轮毂到达 3 个位置，分别执行 3 次检测步骤，如图 6–9 所示。

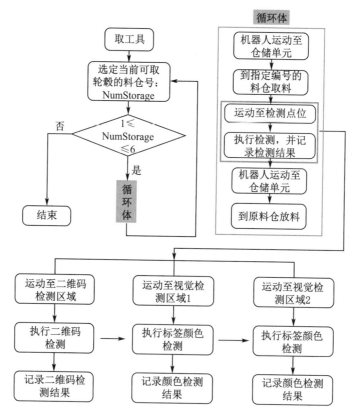

图 6–9　检测流程

2.2.2　机器人编程

1. 由功能划分可以知道，机器人需要记录当前各检测区域的检测结果。即在当前可以实现轮毂二维码检测的基础上，我们需要再添加 2 个一维数组来分别标识某料仓轮毂所对应的视觉检测区域 1 与区域 2 的标签颜色。如下所示：

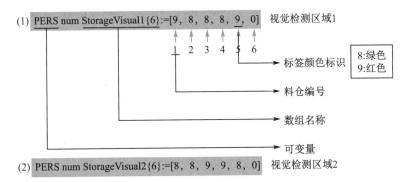

示例中，1 号仓位轮毂的视觉检测区域 1 为红色；2 号仓位轮毂的视觉检测区域 2 为绿色。

2. 变量、信号初始化

此段程序可在之前任务的初始化程序（Initialize）的基础上编制完成。

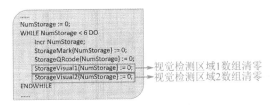

需要注意的是，由于料仓各标识数组与后续轮毂的顺序调整以及排序有关，为避免数据的意外丢失，该初始化程序只在必要时执行。其他各变量及信号的初始化形式保持不变。

由程序的流程及架构可知，该任务与前面任务中的四轮毂二维码流程非常相似，唯一不同在于具体的检测步骤。因此关于活动料仓的选定、取放料程序 PGetHubSort、PPutHubSort 及循环体的架构与触发方式均可参照前面任务程序。

本任务着重展示检测子程序"PVisualTest"的编制方式，即从仓储单元取料后到放料前的检测过程。如图 6-10 所示，其中斜线表示红色，横线表示绿色。

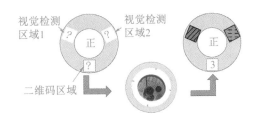

图 6-10　机器视觉检测流程示意图

3. 轮毂状态检测程序架构（图6–11）

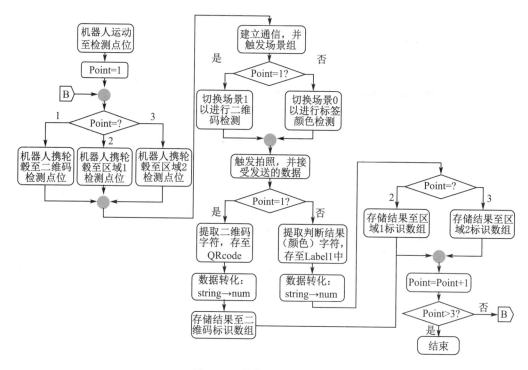

图 6–11　轮毂状态检测程序

4. 构建点位变量

我们可以将三个检测点位存储在点位数组中，如下所示：

CONST robtarget VisualTestPoint{3}:=[......]

VisualTestPoint{Point}：

Point=1：二维码检测点位

Point=2：视觉检测区域1点位

Point=3：视觉检测区域2点位

5. 语句示例

（1）切换场景示例

如触发视觉控制器切换场景 1，则进行二维码检测。

SocketSend socket1\Str:=" S

（2）获取字符串示例

如获取标签颜色字符串，则提取 string1 字符串从第 18 个字符开始的 2 个字符并将其存入 Label1 变量中。

Label1:= StrPart(string1,18,2);

（3）数据转化示例

如检测到标签颜色为绿色时，获取的字符串为"+1"，利用给组信号赋值的方式将string 型数据转化为 num 型数据。

$$IF\ Label1 = \text{"+1"}\quad SetGO\ ToPGroData,\ 8;$$

（4）数据存储示例

如视觉检测区域 1 的检测结果赋值给区域 1 标识数组。

$$StorageVisual1\{NumStorage\} := ToPGroData;$$

2.2.3 检测结果展示

检测之后可查看各标识数组，与实际检测结果对比以验证程序的正确性。还可用字符标记在对应料仓的轮毂上，为之后排序程序的验证做准备，如图 6–12 所示。

(a) 二维码标识数组　(b) 区域1标识数组　(c) 区域2标识数组　　(d) 标记轮毂

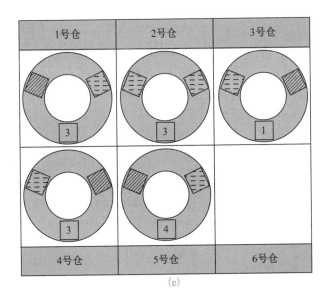

(e)

图 6–12　检测结果

2.3 任务实施

2.3.1 功能划分

完成该排序任务的过程，主要由机器人根据某一排序算法进行计算，然后通过 PLC 控制仓储单元完成排序操作，如本项目 1.3.1 节中图 6-5 所示。

1. 工业机器人

与轮毂二维码检测相同，作为本任务的"司令员"，完成排序的"纲目"依然由机器人掌握。机器人需要统筹规划发送给"下属"（仓储单元）指令的时机，以保证排序流程的准确实施。

2. 仓储单元

可根据机器人发送的弹出仓位信号，弹出或缩回指定仓位。该功能的实现可参考项目 2 中改进后的取 / 放料程序。

2.3.2 冒泡排序应用

与四轮毂的顺序调整相比，五轮毂排序的条件较多且各个条件的优先级不同，因此在编程初期我们就需要先规划利用哪种算法对各轮毂的状态进行排序。本篇示例，采用冒泡算法进行排序，算法内容可参考前一任务内容。

需要注意的是，在本任务中无论应用哪种排序方法，都会涉及轮毂的交换。以冒泡算法为例，它需要经过五轮排序，每一轮都可能会有一个或多个轮毂（及轮毂信息）进行交换，如图 6-13 所示。如果每一步的排序交换都让机器人来实际进行取放料，这样排序的中间过程会比较长，将大大降低排序的效率。

$$\text{轮毂信息：}\begin{cases}\text{轮毂字符标识数组：HubMark}\{6\}\\\text{二维码标识数组：StorageQRcode}\{6\}\\\text{视觉检测区域1标识数组：StorageVisual1}\{6\}\\\text{视觉检测区域2标识数组：StorageVisual2}\{6\}\end{cases}$$

图 6-13　轮毂信息数组

综上，我们可以利用冒泡算法，按照优先条件先对轮毂的信息进行交换、排序，排序的结果是以轮毂为单元而非正面状态的某个标识数组，因此我们还需要利用不同的字符去标识各个轮毂。然后对比排序前与排序后的轮毂字符数组，判断出当前各料仓轮毂的目标料仓号，进而根据目标仓位号实施具体的排序过程。轮毂仓位检测及排序流程如图 6-14 所示。

图 6-14　轮毂仓位检测及排序流程图

提示：得到目标料仓号之后实施的排序过程，可用任务 1 中顺序调整的编程方法。本任务将着重说明冒泡算法在排序中的应用实例。排序流程如图 6–15 所示。

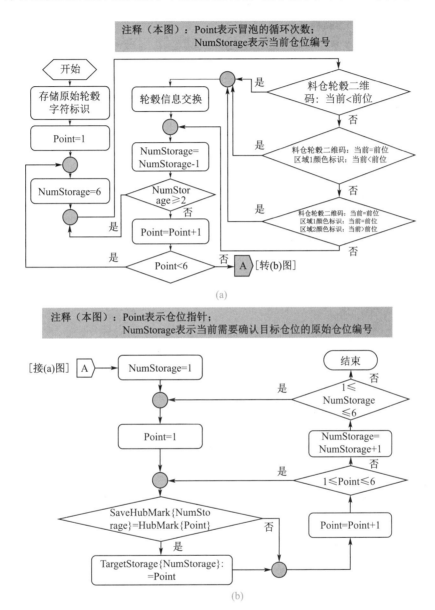

图 6–15   排序流程

2.3.3   机器人编程

1. 构建可变量数组

在五轮毂检测编程的基础上，我们需要新建两个 string 型数组来记录轮毂字符标识，如下所示：

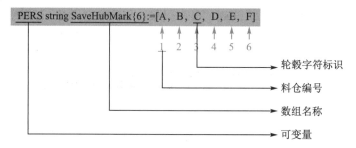

（1）SaveHubMark{6}为记录轮毂初始标识字符，在排序过程中该数组不会更新。如原始 3 号料仓的轮毂被标记为"C"。

（2）HubMark{6}为记录当前轮毂的标识字符，在排序过程中该数组会随着算法程序运行不断更新。如排序后，"C"轮毂应被放置在 2 号料仓。

注意：该数组需要在排序前人为输入标识字符，如"A"或其他字符。

PERS string HubMark{6}:=[F, C, D, B, A, E]

（3）还需要新建一个 num 型数组来记录各轮毂的目标料仓号。该数组的取值通过原始与当前的轮毂字符标识数组对比而定。如：原本轮毂 C 在 3 号料仓，排序后轮毂 C 应在 2 号料仓，则记为"3 号料仓轮毂的目标仓位编号为 2"。该目标料仓标识数组为后续排序动作的执行提供依据。

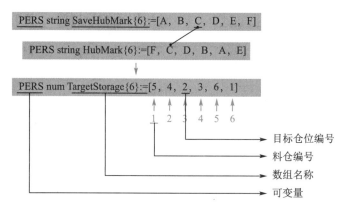

2. 轮毂信息交换编程

轮毂信息的交换，主要内容包括轮毂字符标识数组、二维码标识数组、视觉检测区域 1 标识数组、视觉检测区域 2 标识数组四个数组的调换。

我们以轮毂字符标识数组为例，展示信息交换的基本方法。"StrTrans"为字符型中间变量，详细程序可参考 Rapid 程序"FExchange"。

```
A   StrTrans := HubMark{NumStorage - 1};

B   HubMark{NumStorage - 1} := HubMark{NumStorage};

C   HubMark{NumStorage} := StrTrans;
```

（1）A：先把前位料仓的标识字符赋值给中间变量 StrTrans。

（2）B：把当前活动料仓的标识字符覆盖到前位料仓的标识中。

（3）C：将存于中间变量 StrTrans 的字符赋值给当前活动料仓。

3. 信息交换条件判定

根据任务要求，编辑轮毂信息交换的条件，如下所示：

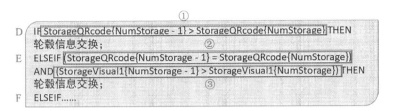

（1）D：前位料仓的轮毂二维码大于当前活动料仓（①），则当前活动料仓的轮毂信息应当与前位交换；如果该条件不满足，转入下一个条件判定语句 E。

（2）E：前位料仓的轮毂二维码等于当前活动料仓（②），且前位料仓的视觉检测区域 1 标识大于当前活动料仓（③），则当前活动料仓的轮毂信息应当与前位交换；如果该条件不满足，转入下一个条件判定语句 F（根据示例自行编写）。

4. 冒泡排序

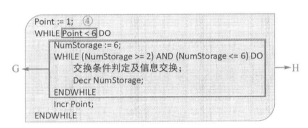

（1）G：单轮冒泡排序。可以在未确定顺序的轮毂中，由大到小对比，将当前优先级最高的轮毂信息（非轮毂）排列到最小编号的仓位。

（2）H：多轮冒泡排序。经过多轮冒泡排序后，可以按照各轮毂的优先级确定好次序。本任务中仓位为 6 个，因此至少要进行 5 轮排序（④）。

5. 目标仓位标识数组赋值

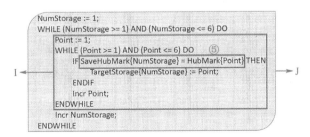

（1）I：将初始字符标记数组 SaveHubMark 中的某一确定仓位字符作为基准，以变量 Point 为指针指向排序后的字符标识数组 HubMark。

当初始字符标记数组与排序后某一位轮毂字符相等时（⑤），可以将当前指针值 Point 记为原料仓轮毂的目标料仓编号。

（2）J：由小到大依次确定各料仓的目标仓位编号。

2.3.4　排序实施流程

1. 排序的实施过程与任务 1 的四轮毂顺序调整思路基本一致，编程方法可参考任务 1。

2. 主程序编制

在各子程序编制完成的基础上，按照初始化（K）、检测（L）、冒泡排序（M）、排序实施（N），最后再将设备恢复至初始状态的思路，编写主程序如下所示：

```
        PROC Main()
K           Initialize;
L           PHubTestFive;
M           FSort;
N           PSort;
            Initialize;
        ENDPROC
```

3. 程序实施

具体排序实施程序可参考任务 1 的机器人程序"PSort"。

4. 排序之后，可查看仓储单元各轮毂的正面状态，验证排序的准确性，如图 6–16 所示。

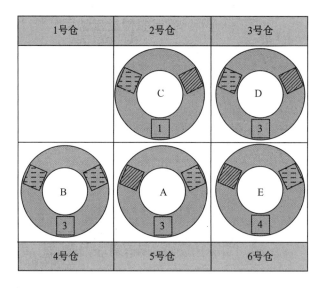

图 6–16　检测结果

2.4　任务评测

任务要求：

在已经明确各料仓中轮毂正面状态的基础上，对仓储单元中随机放入的五个轮毂零件进行排序，每个仓位只存放一个轮毂，优先条件如下。

1. 先看背面二维码的数值大小，数值大比数值小的优先级别高，仓位的摆放顺序是从小到大。

2. 如果二维码数值大小相同，则看视觉检测区域 2 的颜色，绿色比红色的优先级别高，仓位摆放顺序不变。

3. 如果视觉检测区域 2 的颜色还相同，最后看视觉检测区域 1 的颜色，红色比绿色的优先级别高，仓位摆放顺序不变。

参考文献

［1］彭赛金，张红卫，林燕文．工业机器人工作站系统集成设计 [M]．北京：人民邮电出版社，2018．

［2］工控帮教研组．ABB 工业机器人实操与应用技巧 [M]．北京：电子工业出版社，2019．

［3］廖常初．S7-1200 PLC 编程及应用 [M]．3 版．北京：机械工业出版社，2017．